酸性气田水务工程技术与运行

王和琴　陈惟国　主编

中国石化出版社

内 容 提 要

本书结合普光酸性气田水务工作的特点,对酸性气田水务工程系统运行过程中所涉及的气田集输系统、新鲜水系统、公用工程系统、污水处理系统、循环水系统、化学水系统以及凝结水系统进行了详细阐述;同时对水务系统的运行现状以及新技术应用进行了阐述。

本书内容较为翔实,现场应用性较强,尤其适用于酸性气田上下游一体化的水务管理体系,可供酸性气田采气、集输、天然气净化、生活、消防等水务管理部门相关人员学习借鉴,也可供相关科研人员、在校学生、新入厂员工学习参考。

图书在版编目(CIP)数据

酸性气田水务工程技术与运行／王和琴,陈惟国主编.
—北京:中国石化出版社,2014.6
ISBN 978 - 7 - 5114 - 2835 - 6

Ⅰ.①酸… Ⅱ.①王… ②陈… Ⅲ.①气田开发 - 水处理 Ⅳ.①TE37

中国版本图书馆 CIP 数据核字(2014)第 117618 号

中国石化出版社出版发行

地址:北京市东城区安定门外大街 58 号
邮编:100011 电话:(010)84271850
读者服务部电话:(010)84289974
http://www.sinopec-press.com
E-mail:press@sinopec.com
北京科信印刷有限公司印刷
全国各地新华书店经销

*

787×1092 毫米 16 开本 14 印张 312 千字
2014 年 6 月第 1 版 2014 年 6 月第 1 次印刷
定价:100.00 元

《酸性气田水务工程技术与运行》
编委会

前言

普光酸性气田投产以来，已连续稳产 5 年，实现了年产 100 亿立方米酸性天然气、外销净化气 75 亿立方米的计划目标。普光酸性气田采用的是湿气集输工艺，酸性天然气湿气输送至天然气净化厂，采用 MDEA 胺法脱硫，经 TEG 脱水工艺处理后，净化气外销。高浓度酸性气经克劳斯反应，转变成硫黄，外销。为了实现气田集输以及净化系统的安、稳、长、满、优运行，气田在设计之初，就应用了大量的水系统新技术、新工艺、新设备，并对员工采取了相应的培训。但随着气田运行的不断深入，气田的产水量超出设计量，原水的浊度出现了较大的波动，循环水运行出现微生物难以控制等问题。

鉴于此，为了给气田的水务管理人员提供一个系统学习水务管理知识的平台，我们在总结 5 年来工作经验的基础上，结合现场实际，编写了本书。本书可供气田的水务专业人员学习参考，同时也可作为新入厂员工的案头书。

本书对酸性气田水务工程系统运行过程中所涉及的气田集输系统、新鲜水系统、公用工程系统、污水处理系统、循环水系统、化学水系统以及凝结水系统进行了详细阐述。本书由王和琴、陈惟国主编；陈虎、向育全参加了部分章节的校审工作；普光气田的多位水务工作人员对本书的编写也给予了很大的帮助。

本书在编写工作中，得到了中原油田、中原油田普光分公司、中国石化工程建设有限公司、中国石化出版社等单位的大力协助。在此表示衷心的感谢。

由于编者水平有限，书中错误和不足之处在所难免，恳请读者批评指正。

目录

第一章 概 述

第一节 我国水资源情况

水是人类赖以生存的基本条件，是组织工业生产最重要的物质基础。我国平均年水资源总量 $28124 \times 10^8 m^3$，其中河川平均年径流量 $27115 \times 10^8 m^3$，地下水量 $8288 \times 10^8 m^3$，见表 1-1，居世界第 6 位，低于巴西、俄罗斯、加拿大、美国和印度尼西亚，见表 1-2。我国是一个水资源短缺的国家，按人均水资源量计量，人均占有量为 $2500 m^3$，为世界人均水量的 1/4，世界排名第 110 位，被联合国列为 13 个贫水国家之一。

表1-1 我国分区年降水、年河川径流、年地下水、年水资源总量统计

分 区	计算面积/ km²	年降水量		年河川径流		年地下水量/ 10⁸m³	年水资源总量/ 10⁸m³
		总量/ 10⁸m³	深/ mm	总量/ 10⁸m³	深/ mm		
黑龙江流域片(中国境内)	903418	4476	496	1166	129	431	1352
辽河流域片	345027	1901	551	487	141	194	577
海滦河流域片	318161	1781	560	288	91	265	421
黄河流域片	794712	3691	164	661	83	406	744
淮河流域片	329211	2803	860	741	225	393	961
长江流域片	1808500	19360	1071	9513	526	2464	9613
珠江流域片	58041	8967	1554	4685	807	1115	4708
浙闽台诸河片	2398038	4216	1758	2557	1066	613	2592
西南诸河片	851406	9346	1098	5853	688	1544	5853
内陆诸河片	3321713	5113	154	1064	32	820	1200
额尔齐斯河片	52730	208	395	100	190	43	103
全 国	9545322	61889	648	27115	284	8288	28124

（1）资料来源：①陈家琦.1991.中国的水资源。②钱正英主编.中国水利.北京：水利电力出版社。

（2）本表数据按 1956～1979 年资料统计。

表1-2 世界各主要国家年径流量、人均和单位面积耕地占有量

国家	年径流量/$10^8 m^3$	单位国土面积产水量/$10^4 m^3/km^2$	人数/10^8口	人均占有水量/（m^3/人）	耕地/$10^8 m^2$	单位耕地面积水量/（m^3/$100m^2$）
巴西	69500	81.5	1.49	46808	32.3	215170
前苏联	54660	24.5	2.80	19521	226.7	24111
加拿大	29010	29.3	0.28	103607	43.6	66536
中国	27115	28.4	11.54	2350	97.3	27867
印尼	25300	132.8	1.83	13825	14.2	178169
美国	24780	26.4	2.50	9912	189.3	13090
印度	20850	60.2	8.50	2464	164.7	12662
日本	5470	147.0	1.24	4411	4.33	126328
全世界	468000	31.4	52.94	8840	1326.0	35294

资料来源：陈家琦，王浩.1996，水资源学概论，北京：中国水利水电出版社。

表1-1表明，我国各流域由于面积不同，自然地理条件也存在差异，故水资源禀赋差别很大，全国年降水总量为$61889 \times 10^8 m^3$，多年平均地表水资源（即河川径流量）为$27115 \times 10^8 m^3$，平均地下水资源量为$8288 \times 10^8 m^3$，扣除重复利用量以后，全国平均年水资源总量为$28124 \times 10^8 m^3$。世界各主要国家人均占有水量情况见图1-1。

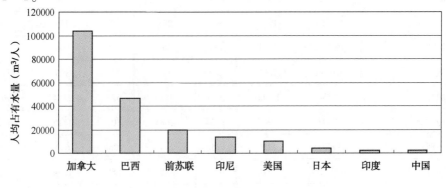

图1-1 世界各主要国家人均占有水量图表

从表1-1可以看出，我国水资源总量是可观的，但是由于人口众多，导致人均水资源量低于世界的平均水平。如果从单位耕地面积水量来看，也远远小于世界的平均水平，我们用全世界7.2%的耕地，养育了超过全球1/5的人口，从中可以窥测我国的水土资源是多么稀缺。

第二节 四川省水资源情况

四川省水资源按流域分布及用水情况统计数据见表1-3。

表1-3 四川省水资源按流域分布及用水情况统计数据表

流域分区	面积/$10^4 km^2$	占全省面积比例/%	多年平均水量/$10^8 m^3$	占全省水量比例/%	2002用水量/$10^8 m^3$	占全省水量比例/%	2002人均水量/(m^3/人)
全省	48.5		2547.58		208.22		
金沙江	19.1	39.4	847.00	33.2	19.10	9.2	13871
岷沱江	15.2	31.3	995.25	39.1	116.72	56.1	2274
嘉陵江	10.2	21.0	500.84	19.7	58.75	28.2	1024
长江干流	2.3	4.7	153.72	6.0	13.20	6.3	1654
汉江	0.05						
黄河河源	1.7	3.5	47.6	1.9	0.26	0.1	20773

资料来源：四川省水文水资源勘测局。

表1-3数据说明：四川境内的岷沱江流域和嘉陵江流域是全省生产、生活主要用水区，用水占全省用水量的84.3%，而多年平均水资源量仅占全省的58.8%。水资源的空间分布与需水地区分布不一致，反映了四川区域性缺水现象。

世界水资源研究所提出的水资源水平四级评估标准见表1-4。

表1-4 水资源水平四级评估标准

人均水资源/(m^3/人)	水平	表示
10000以上	高水平	水资源很丰富
5000~10000	中等水平	不缺水
1000~5000	低水平	缺水
1000以下	最低水平	严重缺水

用此标准评估，四川省岷沱江、嘉陵江、长江干流属于缺水的低水平，其中嘉陵江流域缺水最为严重，在低水平最底线。按人口分布，全省约93%的人口生活在缺水区。按照人均年水资源占有量1700m^3为缺水警告值标准，嘉陵江流域、长江干流在此标准以下。

由此可见，如何取好水、用好水、如何合理地使用水，是水务管理者的重要责任。

第三节　四川油气田概况

四川油气田是位于中国西南以四川盆地为中心的油气产区，是一个以天然气为主、石油为辅的资源开发区，面积约 20 万平方千米。现有气田 127 个，油田 12 个，年产石油约 15 万吨、天然气约 260 亿立方米。

一、历史

四川盆地是一个含油气盆地，远在宋代便在自贡境内利用天然气进行盐卤生产，是世界上最早利用天然气的地方。1835 年，自贡燊海井成为世界上第一口超千米深井，是中国古代钻井工艺成熟的标志。从 20 世纪 30 年代起，四川地区便开始了现代油气勘探与开发，至 50 年代发现了小规模的油田和气田，但四川油气区已经为之后的胜利、河南、江汉等油田的开发储备了人才和技术经验。50 年代末，四川与青海、玉门、新疆成为中国四大石油天然气基地。1958 年在南充建立了四川石油学院（今西南石油大学）。60 年代，川中威远气田成为当时中国最大气田。1976 年 4 月，位于四川东部地台区的武胜县完成了中国第一口超深井"女基井"，井深 6011m。1977 年四川相国寺气田发现高产气井，奠定了四川大气田的地位。2002 年之后，相继在达州、广安、重庆、元坝等地发现了普光、广安、大天池、合川、元坝等千亿立方米以上特大气田，探明储量还望随着勘探继续增加。

二、主要产区

川东北：普光、南充

川西北：江油、梓潼、新场、元坝

川中：威远、自贡、广安

川北：广元、巴中

川南：泸州、宜宾

重庆：长寿、开江、忠县

三、资源开发地位

依托四川油气田资源的川滇渝地区是全国最大的天然气工业基地，拥有云天化、泸天化等大型化工企业。2004 年四川油气田成为中国首个天然气产量超百亿立方米的产气区。

2004 年起，四川油气田开始向湖北、湖南两省供气，"川气出川"实现。

2006 年，四川油气田油气当量超过 1000×10^4t。

2010 年，普光气田正式投产，开始向从普光至上海的主输气干线沿线供气，"川气东送"全线贯通，中原油田油气当量超过 $1000 \times 10^4 t$。

四、气田水情况

气田投产后，均出现工业产出水，在不含硫化氢的区块，气田水处理多采用常规的处理方法，处理达标后回注到安评后的储层。

在含硫区域，除了处理好地层产出水外，还要在处理化学水、循环水、污水上下功夫；由于各家技术不一，层次不一，处理的方式也不尽相同，但最终还是经过地方环保部门的环评和指标认可。

普光气田是一个集气井开采、酸性气湿法输送、酸性天然气净化为一体的大型综合性气田。气田水包括气井产出水、气田用生活水、化学水、循环水、消防水以及气田生产过程中的工业废水等。

气田年产水能力在 $30 \times 10^4 m^3$ 左右，工业用水 $700 \times 10^4 m^3$ 左右。因此气田水的达标回注和工业用水的合理有效至关重要。

普光气田工业用水主要依托宣汉县后河支流。后河属于渠江的二级支流，为州河的三大支流之一，是州河的主要水源。后河发源于大巴山南麓，距离万源市约170km。整个流域呈北高南低之势，由北东向南西方向流动，经皮窝、梨树、官渡、万源城、坪溪、青花、长坝、花楼、罗文、毛坝等乡镇，在宣汉县普光场上游与中河汇合，再流至宣汉城与前河汇合而为州河。州河流经达州至渠县三汇镇与巴河汇合始称渠江，渠江和涪江两江均于合川与嘉陵江汇合。后河流域支流密布，主要有：白沙河在长坝乡丝坝处汇入，赵塘河在花楼镇汇入后河。河流短促，坡陡流急，属于典型的山溪性河流。整个流域呈树枝状分布。后河达州市境内控制流域面积 $1394 km^2$，主河道长 104.3km，天然落差 843.8m，平均比降 8.09‰，多年平均径流深 854mm，多年平均流量 $35.9 m^3/s$。

普光气田工业用水做为气田辅助生产工程，自气田开发建设初期就随同主体工程同时设计、同时施工，先后到水资源管辖地区水务局办理了后水取水泵站地表取水工程开工审批表、地表水资源取水许可证等。

第四节 普光气田水务系统

普光气田水务系统由源水取水、采气集输、净化处理、循环利用、污水处理、消防用水和日常生活用水七大系统组成。

一、水务管理系统

水务管理系统实行三级组织，垂直管理，分级负责制度。水务生产运行网络及组织机构见图 1-2。

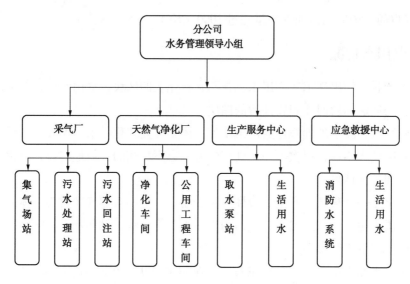

图 1 - 2　水务生产运行网络及组织机构

二、水务管理原则

实行"谁主管，谁负责"的原则。

三、水务组织机构与职责

1. 组织机构

分公司成立了水务专业管理领导小组，负责气田水务专业管理工作，办公室设在生产管理部。

水务专业管理领导小组组长由分公司副经理担任，副组长由生产管理部主任担任。

水务管理领导小组成员由生产管理部、HSE 监督管理部、天然气技术管理部、计划经营部、财务资产部、人力资源部、开发管理部、设备管理部、工程管理部等部门相关人员组成，统筹普光分公司水务管理工作。

2. 主要职责

分公司水务专业管理领导小组：

（1）制定审批水务管理规章制度，并监督检查落实。

（2）编制审批水务管理工作规划、计划，确定普光酸性气田生产和生活用水、节水目标，并严格检查考核。

（3）督促、检查水务管理工作，研究解决水务管理工作中的重大问题。

（4）对分公司所属单位水务管理情况进行考核奖惩。

生产管理部：

（1）负责收集整理分公司水务管理的相关数据和报表，经统计分析、汇总后按照规定上报油田生产管理处。

（2）负责组织制定并落实普光分公司有关水务管理规定，对水务管理工作进行检查、考核。

（3）负责普光气田区域内水资源和供用水的管理。

（4）负责普光分公司用水的勘察、规划、开发管理工作，保障普光气田安全生产、生活正常用水。

（5）负责组织普光气田用水定额的编制工作，编制工业用水量计划和节水规划，经领导审批后组织实施；参与制定、审查工业水处理及节水技术改造方案。

（6）负责新增和临时用水计划的审批工作；审查批准日用水量在 $1000m^3$ 以上的气田新增用户申请报告，做好计划用水的管理工作。

（7）协调组织大型供用水管网建设、新增管网碰头、连线的审批和协调，组织施工、保证安全生产和生活用水。

（8）参与普光分公司水务管理的检查、考核、竞赛和经验交流，以及供用水新技术、新工艺、新设备和新材料的推广应用，监督实施节水科研项目。

HSE 监督管理部：

（1）负责组织水务方面重大事故的调查处理，并按规定程序报告上级主管部门。

（2）参与制定、审查分公司水务用水处理及节水技术改造项目方案。

（3）参与水务管理新技术、新工艺、新设备和新材料的推广应用。

（4）参与编制、审查分公司年度有关水务用水处理化工药剂的采购计划。

（5）参与建设项目可行性研究报告中节水篇和初步设计节水措施的审查，参与配套节约用水设施的竣工验收工作。

（6）负责普光气田区域对地方环境保护主管部门的业务协调，按照国家有关规定，做好排污许可证的申请和污水排污费的缴纳工作。

（7）负责协调有外排污水的污水处理厂（站）建立分公司污水水质监测管理网络，做好监督、检查工作，确保污水达标排放。

（8）收集外排污水的数据资料，掌握油田污水动态，为普光气田污水排放的管理与决策提供依据。

天然气技术管理部：

（1）制定分公司有关注水的政策、技术标准和管理规定。

（2）组织参与注水处理及节水技术改造方案的制定、审查。

（3）负责普光分公司注水新工艺、新技术的引进、试验和推广应用，发展、完善、配套工艺技术，提高工艺技术水平。

（4）负责分公司注水系统技术指标的制定和考核。

（5）负责月度和季度注水水质监测报告的编写与分析工作。

（6）编制、审查气田注水、循环水、化学水等处理药剂采购计划。

（7）确定有关注水水处理监测项目、控制指标和分析方法。

分公司各用水单位：

（1）贯彻上级有关水务管理的各项规章制度，制定本单位有关水务管理的实施细则和考核办法。

（2）负责编制本单位节水规划和年度用水量计划，制定用水定额标准；根据本单位水资源状况和油田用水考核指标，组织制定节水项目方案，审批后组织实施。

（3）组织本单位水务管理的检查、考核、竞赛和经验交流；推广用水新技术、新工艺、新设备和新材料，组织实施节水科研项目。

（4）负责编制本单位工业水处理药剂采购计划。

（5）负责制定用水事故预防措施，配合重大事故调查分析，并按照规定上报。

（6）负责向生产管理部、HSE监督管理部、天然气技术管理部报送有关取水、用水、水质和处理效果的统计报表和年度总结报告；建立健全水质、水量和水处理设施台账。

（7）组织做好本单位用水计量仪表和水处理现场监测装置的日常运行和维护管理工作。

（8）参与建设项目可行性研究报告中节水篇和初步设计节水措施的审查，参与配套节约用水设施的竣工验收工作。

（9）负责查找用水设备泄漏和超温、超压等异常情况的原因，并与相关单位和上级部门联系，及时进行抢修或处理。

（10）负责本单位所属水源井、供用水管网等供水设施的建设、维护管理工作，保证供用水设施的完好与正常运行。

四、主要技术指标控制

酸性气田水系统指标控制参照国标设计，如回注水执行 SY/T 5329—2012《碎屑岩油藏注水水质指标及分析方法》中 A3 指标标准等，实际生产运行中，各项控制指标均高于国标要求。见表 1 - 5 ～ 表 1 - 10。

表 1 - 5 净化水场水质参考标准及控制指标

生产用水指标对比	GB/T 19923—2005《城市污水再生利用 工业用水水质》	净化水场执行标准
浊度/NTU	≤5	≤3
色度/度	≤30	≤15
COD/(mg/L)	≤60	≤3
pH	6.5～8.5	6.5～8.5

表 1 - 6 生活水水质参考标准及控制指标

生活水指标对比	GB 5749—2006《生活饮用水卫生标准》	净化水场执行标准
余氯/(mg/L)	≥0.05	≥0.02
细菌总数/(个/mL)	100	≤100
总大肠菌群/(个/mL)	不得检出	不得检出
耐热大肠菌群/(个/mL)	不得检出	不得检出

表 1-7 工业循环水水质参考标准及控制指标

循环水水指标对比	GB 50050—2007《工业循环冷却水处理设计规范》	循环水场执行标准
浊度/NTU	≤20	≤20
pH	6.8~9.5	6.5~9.5
总铁/(mg/L)	≤1	≤1

表 1-8 除盐水水质参考标准及控制指标

除盐水水指标对比	GB/T 50109—2006《工业用水软化除盐设计规范》	水处理与凝结水站执行标准
电导率/(μS/cm)	<0.2	<0.2
SiO_2/(mg/L)	<0.02	<0.02

表 1-9 污水处理水质参考标准及控制指标

项目	CODCr	BOD_5	NH_3-N	硫化物	SS	pH	水温
平均值/(mg/L)	100	20	15	1	70	6~9	<40℃

表 1-10 回注水水质参考标准及控制指标

监测及控制指标	pH	溶解氧	硫化氢	含油	悬浮固体	粒径中值
		mg/L	mg/L	mg/L	mg/L	μm
控制指标(A3)	6~9	≤0.1	≤2.0	≤5.0	≤1.0	≤1.0
运行指标	6.5	≤0.5	≤1.0	≤2.0	≤1.0	≤1.5

第二章 集输系统

普光气田集输系统水务工程主要由普光主体、大湾区块和集气总站及双庙清溪等区域水务工程组成，具体分为五部分：生活水系统、污水处理系统、给排水系统、污水回注系统及消防水系统。

第一节 集气计量站水务工程

一、集气站生活用水

集气站场生产生活用水采用就地取地下水为供水水源，每站打水源井 1 口（图 2 – 1）。部分集气站由于地理条件限制，站场供水采用清水罐车拉运，职工饮水主要采用拉运桶装纯净水方式，集气站用水量设计为 5 ~ 10m³/d。

站场工艺区安装有 5 个水龙头，供装置区设备清洁用水使用。集气站具有给排水系统，给排水系统与集输系统同时投运。

集气站供水流程为水源井泵房来水经过泵抽吸至站场高架水箱，高架水罐容积为8m³，也可通过罐车拉运到站场后用泵抽吸至高架水罐（图 2 – 2），然后供给站控室和现场装置区各用水点进行使用。供水流程如下：

图 2 – 1 水源井泵房及内部结构   图 2 – 2 高架水罐

水源井来水（拉运清水）→高架水箱 → 站场各用水点

二、集气站生产过程中产生的水

由于气井进行了酸压等作业，在气井开发过程中，残酸随气流从井底返排至地面（图 2 – 3），经过分酸分离器分离，排放至酸液缓冲罐储存，存储到一定量后，由吸污车拉运至污水处理站处理，处理合格后回注。

残酸返排完成后，生产过程中产生的水主要来源是气井产生的凝析水，气体压力、温度变化后，会产生一定量的凝析水。气井生产过程中的水则随气体一同输送到水处理站处理合格后回注。

生产水排放流程如下：

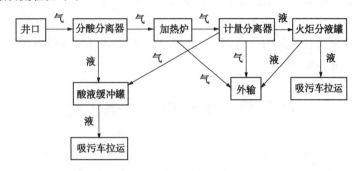

图 2-3　生产水排放流程图

集气站天然气输送工艺采用加热、节流、保温混输的湿气集输工艺，集气站及管网无污水处理设施，集输设施无水污染。但为了防止酸液返排对地面集输管线造成腐蚀，在工艺流程中设计了井口临时分酸分离器(图 2-4)，分出的酸液直接进入酸液缓冲罐，缓冲罐的液体装车拉运，闪蒸出的气体则直接进入放空总管去放空火炬(图 2-5)燃烧。

图 2-4　分酸分离器

图 2-5　放空火炬

为了计量单井产液量，掌握气井生产动态，各集气站集输流程均安装计量分离器，安装位置在加热炉之后、外输管线之前。气井来气经 XV 阀切换进入计量汇管，再进入计量分离器，分离成气液两相，分别计量后，汇入外输管线外输。

火炬分液罐汇集来自放空总管、计量分离器排污管线、汇管排污管线、收发球筒排污管线的残液，并用高压泵排至吸污车外运或外输管线。

三、集气站排水系统

集气站正常生产无任何生产水排放。

站场雨水、装置外部清洗水自然散排，或者由集气站排水沟引至消防池，以补充消防水。

四、消防用水

普光气田集气站均属于五级站场，配套设施有消防蓄水池、供水管网、污水回收池等。现场利用钻井完井留下的泥浆池做为消防水池，利用雨季补充消防水。由于相距应急救援中心位置较远且均为山区道路，路况较差，极易发生堵车等状况。站场消防主要依托站场应急喷淋和稀释。

第二节　集气总站水务工程

集气总站水务工程主要由集气总站、赵家坝水站、回注站组成。

集气总站 2009 年 8 月投产，普光主体 3 条输气管线汇集至此，2010 年大湾区块来气汇入，4 台生产分离器设计最大气液分离能力为 $5600 \times 10^4 \mathrm{m}^3/\mathrm{d}$。集气总站工艺流程见图 2 – 6。

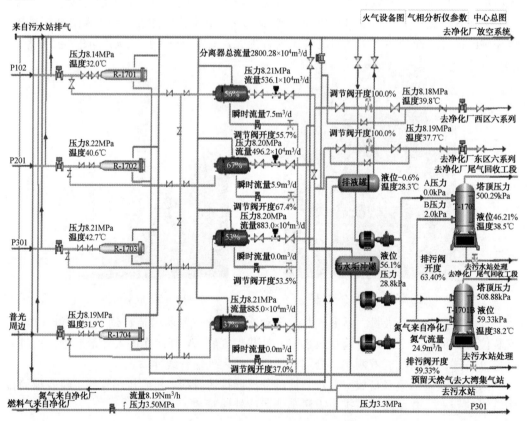

图 2 – 6　集气总站工艺流程

集输系统水流程见图 2 – 7。

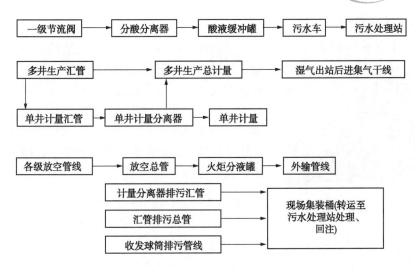

图2-7　集输系统水流程

一、集气总站

集气总站主要由收球筒区、进站阀组区、分离器区、污水缓冲罐、出站计量阀组区、外输管网、污水气提塔区、火炬分液罐和综合用房区组成。集气总站工艺：酸气经集气干线进入进站管网，经过分离器分离成气液两相。气相经高级孔板阀计量后，分成两路进入净化厂的酸气处理单元；液相先进入污水缓冲罐，再通过污水提升泵泵入污水气提塔；气提酸气先进入火炬分液罐，再进入净化厂尾气处理单元；气提后液体和火炬分液罐中液体进入赵家坝污水站污水处理单元。

1. 收球筒(图2-8)

收球筒通常不带压，也不排污，只有在进行集气站到总站的批处理时，才进行收球筒排污。在清管球到达收球筒后，将收球流程切换到正常生产流程；然后对收球筒进行排污，收球筒排污进污水缓冲罐。

2. 生产分离器(图2-9)

总站有4台生产分离器，根据分离器液位进行排污。目前由于1#线来水较多，基本上是连续排污；2#、3#、4#线是间歇性排污。分离器排污进入污水缓冲罐。

图2-8　收球筒

图2-9　生产分离器

3. 污水缓冲罐（图2-10）

分离器日常排污和批处理时收球筒来的高压污水，汇入排污总管后，进入污水缓冲

罐，经过闪蒸、沉降，污水中的硫化氢、甲烷等进入低压放空系统，污水通过污水提升泵，泵入污水气提塔进行气提处理。目前污水缓冲罐是常压运行，其日常压力低于0.1MPa。为保证污水缓冲罐正常运行，定期对容器冲砂，定时对容器、篮式过滤器和液变导压管进行排污。

图2-10 污水缓冲罐

4. 污水气提塔（图2-11）

气提塔接收污水缓冲罐来水，污水从上部流入，氮气从下部流入，经过填料后气水充分接触，尾气去火炬分液罐，气提后污水去污水站。气提后污水要求悬浮物含量≤100mg/L，硫化氢含量≤260mg/L。

5. 火炬分液罐（图2-12）

接收气提塔来尾气，防止尾气携液进入净化厂，尾气去净化厂或直接放空燃烧。同时可以接收高压放空管线中的积液，以及尾气中分离出来的污水，并将污水直接排入污水池，或通过罐底泵泵入污水气提塔再次进行气提处理。

图2-11 污水气提塔　　　　　　图2-12 火炬分液罐

二、普光11回注站

普光11井回注站位于四川省宣汉县普光镇西北1村中坝公路河边，占地面积约8208m²，海拔高度337.4m，站内高压注水管线设计压力为37MPa，设计回注规模288m³/d；分为生活区、工艺装置区、井口区，主要工艺装置包括高架注水罐撬块、移动式注水泵撬块、仪表值班室撬块、井口采气树等。见图2-13。

三、赵家坝污水处理站

赵家坝水处理站位于四川省宣汉县普光净化厂第一联合装置西，总占地面积5500m²。2009年9月建成中交，2009年11月28日正式投入生产运行。气田产出水经该站处理合格后，运输至回注井点回注。见图2-14。

图 2-13 普光 11 井污水回注站排放流程图

图 2-14 赵家坝污水处理站

第三节 单站集输水务系统

一、生活用水

生活用水分为饮用水和清洗用水两个方面。

饮用水的质量直接关系到职工的身体健康，由于一线采输气站场均较为偏远，无自来水设施，职工用水困难。为保证职工用水安全，给职工配备了桶装纯净水作为直接饮用水。

大成生活点位于宣汉县大成镇，因周边无大型水库和河流，全镇无自来水设施，当地居民使用地下水井作为唯一水源。该生活点居住有双庙 1 集气站、大成交接计量站及大成巡线组的 30 多名职工，用水量远远大于普通家庭。尤其是食堂用水量大，前期和当地居民一同使用地下井水。为解决职工用水难问题，通过取样、化验、论证，为该生活点配备了净水设施(图 2-15)并制订了一整套操作规程及管理规定，从而保证了职工正常用水。

二、工业用水

站场工业用水主要分为设备用水、设备清洗用水。

设备用水主要是水套炉用软化水。为节约成本，通过标准比对和化验分析，利用净化厂蒸汽冷凝水替代软化水供水套炉使用。替代使用后，水套炉运行良好，各项性能参数达标。

胡家交接计量站、双河交接计量站均由站场水井提供，每天用水量各 2m³。见图 2-16。

清水处理器

图 2-15 大成生活点安装的净水器

图 2-16 胡家交接计量站水罐

毛坝 1 井用水为定期拉水至屋顶蓄水罐，提供环卫用水，每天用水量约 1.5m³。

三、污水处理

1. 生产污水

双庙清溪采气区共有双庙 1 井和新清溪 1 井两口生产井。新清溪 1 井产出水为气井凝析水，水量较少，平均液气比 0.003m^3 水/$10^3 m^3$ 天然气。考虑到站场较远，山路狭窄，拉运污水成本及风险较高，因此采用焚烧池焚烧处理，焚烧时，现场全程监护，日常巡检时，焚烧池作为巡检对象之一进行管理，确保其安全。新清溪 1 井集气站放喷池见图 2 - 17。

双庙 1 井产出地层水量较高，平均气液比 0.22m^3/$10^3 m^3$ 天然气。由于双庙 1 井距国道较近(7km)，且道路相对较为平缓，因此对污水进行定期拉运，集中处理。双庙 1 井生产时，先将污水排至污水池，污水池搭建盖棚，进行自然蒸发；当空高将达到警戒液位时，及时进行拉运。双庙 1 井集气站污水池见图 2 - 18。

图 2 - 17　新清溪 1 井集气站放喷池

图 2 - 18　双庙 1 井集气站污水池

2. 站场生活污水

站场产生的生活污水一般先排至化粪池，并定期进行拉运；对于有条件的站场，建一体化污水处理装置进行处理后直接外排。例如，胡家交接计量站，生活污水通过污水管汇集到膜生物反应污水处理装置(图 2 - 19)，流经机械格栅，机械格栅自动捞除大颗粒的悬浮物及杂质。后流经污水调节池内，在调节池内进行水质、水量调节，然后自动流经厌氧池。污水在厌氧池内经过反硝化处理，然后经提升泵进入 MBR 反应池，反应池中的微生物将污水中的可生化污物进行降解。MBR 反应池出水可直接经自吸泵提升后进入外排管道。外排管道设有消毒剂投加点，投加消毒剂进行消毒杀死细菌，去除色度，各项水质达标后外排出站。

图 2 - 19　胡家计量交接站污水处理装置

3. 站场消防池

站场消防池修建于地势相对低洼处，将雨水及山体析出水引入消防池，利用消防池提供消防用水及清洗用水。见图 2－20。

图 2－20 新清溪 1 井集气站消防池

第四节 污水拉运

一、密闭拉运

普光气田各集气场站至污水处理站之间尚未设计及建造污水输送管道，各集气场站气井所生产的液体采取密闭罐车拉运方式。采气厂现有拉运酸液的吸污车（图 2－21）6 辆，2009 年 7 月投入使用，主要承担着普光主体和大湾区块共 23 座集气站场酸液和站内生产污水的转运、集气站冲砂作业配合、现场检修碱液及部分站场清水配送等任务。

图 2－21 现场作业的吸污车

吸污车的主要性能参数见表 2－1。

表 2－1 吸污车的主要性能参数

规格型号：JJY5250GXW	厂家：×××
空车自重：14805kg	载重量（最大）：10065kg
外形尺寸：全长 9365mm，总宽 2500mm，总高 3450mm	
额定功率：199kW	最高车速时功率：85kW
最大扭矩：1100N·m	最大爬坡度：30%
额定载重量：10t	排量：9.726L
出厂日期：2009.3.1	投产日期：2009.7.1
平均油耗（柴油）：69L/kg	

吸污车操作特点：

污水拉运的特点是全程密闭，直至无害化处理前，酸液和污水在装卸和拉运过程中不接触空气。在装卸过程中,吸污车通过回气管线使吸污车罐体和储存污水容器达到压力平衡,保障吸污车罐体的压力安全;在酸液、污水装卸前和装卸完毕后,通过清水置换;达到酸液、污水不落地、不污染空气。

二、开放式拉运

已处理合格的污水部分经管线输送至注水井点,部分用开式罐车(图2-22)拉运至注水井点。

图2-22 开式罐车

开式罐车主要性能参数见表2-2。

表2-2 开式罐车主要性能参数

规格型号:ND5251GJYZ		厂家:×××	
空车自重:12270kg		载重量(最大):25000kg	
外形尺寸:全长10515mm,总宽2500mm,总高3320mm			
额定功率:206kW		最高车速时功率:90kW	
最大扭矩:1200N·m		最大爬坡度:35%	
额定载重量:13t		排量:9.726L	
出厂日期:2007.3.22		投产日期:2007.4.3	
平均油耗(柴油):69L/kg			

第三章 新鲜水系统

第一节 装置概况

一、装置简介

普光天然气净化厂用水取自后河(图 3 - 1),引双路管线 DN600 至净化厂边界外 1m 处,合并母管为 DN800 的水线,水源水压不小于 0.06MPa。净化水场(图 3 - 2)总处理水量为 2000t/h,另外考虑 10% 的自用水量,则设计处理水量为 2200t/h。

净化水场(图 3 - 2)及消防泵站位于天然气净化厂东北角,占地 120m × 150m,场地标高在 366.70 ~ 365.70m。生产工艺主要由絮凝反应沉淀系统、流砂过滤系统、污泥浓缩脱水系统、加药及加氯系统和供水系统五单元组成。装置设计年运行时间 8000h。

图 3 - 1 后河原水进场阀井

图 3 - 2 净化水场

净化水场生产的产品净化水主要供给各生产联合装置、硫黄储运、水处理站、循环水场、消防管网、厂外配套工程及生活用水,生产、生活给水系统管道采用枝状布置。进各单元界区红线处的供水压力不小于 0.3 MPa。若个别装置及单元有特殊水压要求,由所在装置或单元局部进行加压。

净化水场同时还负责全厂区域内及厂外配套工程的消防稳压及给水系统,供应系统管道工作压力 0.7 ~ 1.3 MPa。供给各生产装置区、罐区、辅助生产设施及火灾时消防用水。

二、工艺原理

净化水厂工艺流程见图 3 - 3。

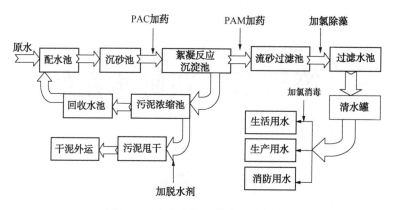

图3-3　净化水场工艺流程示意图

1. 絮凝反应沉淀单元

絮凝反应沉淀单元包括混合器、絮凝反应区、沉淀区三个部分。见图3-4~图3-5。

图3-4　絮凝反应沉淀池模拟图

图3-5　絮凝反应沉淀池现场图

絮凝反应池：尺寸为6m×9m×4.8m。添加PAC、PAM进行反应。

（1）混合部分

孔板式净水混合装置，在管体内设置多层有一定间距的多层孔板，利用水流通过小孔眼网格板所产生的惯性效应，在孔眼后产生高比例、高强度的微涡旋，利用微涡旋的离心惯性效应作用，增加水中颗粒的碰撞几率。

混合器（图3-6）包括进药管、内部构件、筒体及筒体法兰组成；药剂扩散设备采用独特的伞型装置；内部混合构件及筒体采用304不锈钢材质，满足耐腐蚀的需要，并保证使药剂快速混合的作用。

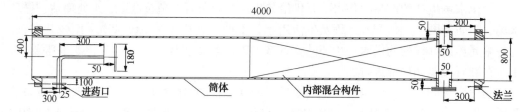

图3-6　混合器结构图

（2）絮凝反应部分

经过混合加药后的水进入小孔眼网格（图3-7）絮凝池，每个絮凝池分格上下交错开孔，在各分格的上下孔洞之间，安装小孔眼网格絮凝设备，通过在絮凝池的流动通道上科学地布设多层小孔眼网格，使水流过网格时速度发生激烈的变化，颗粒碰撞几率增高，水流通过小孔眼网格后湍流的涡旋尺度大幅度减少，微涡旋比例增强，涡旋的离心惯性效应增加，进一步加强了颗粒的碰撞次数；同时由于过网水流的惯性作用，矾花产生强烈的变形，使矾花中处于吸附能级低的部分，由于其变形揉动作用达到高吸能级的部位，使得通过网格之后矾花变得更加密实且易沉淀；同时为一些流动过程中破碎的矾花重新聚集提供了水力条件，合理的格网布设可以减弱低温和高浊的影响。在絮凝反应池全程分段布设格网，使矾花颗粒由小到大，由松散到密实，为下一步的沉淀分离做好准备。

絮凝设备是由小孔眼网格、连杆、网格支撑组成。絮凝设备由几片网片组成网箱（图3-8），每个网箱片数不等。网箱整体用连杆连接，网片之间通过塑料套管分隔，在池底部预埋件上焊有钢支撑杆，网箱固定在支撑杆上。连杆与钢支撑杆材质为304不锈钢、紧固螺栓材质为304不锈钢，均耐腐蚀。

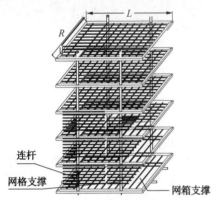

图3-7 小孔眼网箱结构

图3-8 小孔眼网箱实物网

要实现颗粒到达凝聚基团表面而被吸附的机会，药剂与水的混合必须快速均匀，在沉淀池前设置絮凝池进行混合。絮凝时间设计为20min。

（3）沉淀部分

在沉淀池中采用小间距斜板（图3-9、图3-10），抑制了矾花沉降中的脉动干扰，同时使沉淀面积与排泥面积相等无侧向约束不积泥。较小间距可以保证矾花的高去除率，板间阻力增大使配水更均匀，避免短流，其独特的排泥特性使浅池的优化运行得以保证，实践证明，小间距斜板使水厂运行的抗冲击负荷能力大大提高，有利于排泥，沉后水浊度可稳定保持在5NTU以下。

小间距斜板平面尺寸为1000mm×500mm，将斜板依次平放在斜板支架上，自沉淀池首端至末端为一排，宽度为1000mm，斜板材质为乙丙共聚，斜板放置角度约为60°，放置后高度为0.77m。在每排斜板上长方向上放置两根塑料压管，将3m长塑料绳并成两股，底部系在斜板支架上，然后将绳从斜板间隙穿过，上部系在压管上，即使斜板夹在中间固定。压管材质为聚丙烯，均耐腐蚀。

沉淀池是依靠重力作用，将悬浮颗粒从水中分离出来。沉淀池形式的选择根据原水水质、工程规模、水厂平面和高程布置要求，并结合絮凝池结构形式等因素确定。目前国内采用较多的是平流沉淀池和斜管/板沉淀池两种沉淀形式。净化厂采用的斜板沉淀池具有沉淀效率高、池体小、土建造价低、占地少，对原水水质变化有一定的适应性等优点。沉淀池排泥采用穿孔管，排出的污泥进入浓缩池浓缩。沉淀池设计停留时间为35min，设计表面负荷8m³/(m²·h)。

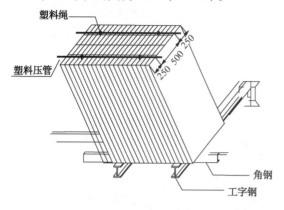

图3-9　斜板安装示意图

图3-10　斜板实物图

图3-11为沉砂池，尺寸为18m×9m×1.9m，作用为沉淀泥沙（工艺流程上沉砂池在配水池后、絮凝沉淀池前）。

（4）集水槽（图3-12）

采用同程同阻尾端集水方式，末端设挡水堰板，堰板高度可视运行情况人工调整。

图3-11　沉砂池

图3-12　集水槽

（5）排泥系统（图3-13、图3-14）

图3-13　絮凝池排泥

图3-14　沉淀池排泥

在絮凝反应池集泥采用穿孔管、沉淀池采用斗式排泥方式，管道排泥均使用PVC

材料，采用重力式虹吸排泥，使池底部排泥更彻底。

2. 流砂过滤单元

流砂过滤单元由多个单体组成，每个单体基于逆流原理。进水通过设备上部的进水管经中心管流到设备内底部入流分配器而进入砂床底部，水流向上流过滤层而被净化，滤后水从设备上部出水口排出；夹杂过滤杂质的砂粒从设备锥形底部通过空气提升泵被提升到设备顶部洗砂器；砂粒的清洗在空气提升泵提升过程中就已经开始：紊流混合作用使截流污物从砂粒中剥离下来；进入洗砂器的砂粒由于重力作用而向下自动返回砂床，同时一股小流量的滤后水被引入洗砂器内并与向下运动的砂粒形成错流而起到清洗作用；反洗水通过设在设备上部的反洗水出口排出；被反洗后的砂粒返回砂床，整个砂床的向下缓慢移动，从而构成流砂过滤的原理。流砂过滤池见图3-15。

流砂过滤器(图3-16)上部设置有调节堰板，可实现反洗水量的调节，一般反洗水量为处理原水量的4%~5%；流砂过滤器是一种均匀介质的接触式深层过滤设备，由于流砂过滤器没有可动部件、24h连续工作不需停机反冲洗，因此可有效并平稳保证过滤水质量。

图3-15　流砂过滤池

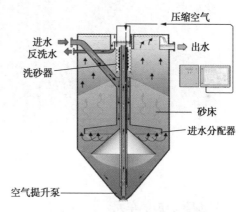

图3-16　流砂过滤器单体结构示意图

流砂过滤单元由36套采用过滤速度为10m/h、过滤面积为6m² 的流砂过滤器单体设备构成。选用优质天然石英砂(0.8~1.2mm)作为滤料，可确保处理水质合格和运行平稳。

3. 污泥处理单元

污泥处理单元主要处理来自混凝反应沉淀池的污泥，刮泥机将污泥浓缩池底部的污泥收集并通过螺杆泵输送至污泥脱水区，加入污泥凝聚剂PAM使污泥凝聚，并通过离心脱水机将污泥甩干。

污泥浓缩池中传动刮泥机主要由栏杆、工作桥、传动装置、稳流筒、传动轴、拉杆、底轴承及小刮板、刮泥板、刮臂等组成。污水经中心稳流筒布水后流向周边溢水槽，随着流速的降低，污水中的悬浮物被分离而沉降于池底，由刮板将沉淀的污泥刮集到中心积泥槽后，靠静水压力将其从污泥管中排出。

离心式污泥脱水机工作原理是用于固液有密度差的物料的脱水、浓缩、澄清及固体颗粒分离等工艺过程，其工作机理是通过离心机高速旋转而带来的离心力，使进入转鼓内的悬浮液中密度大的物料（固相）受到离心液压力的作用而沉降、分离。

污泥系统实景图见图 3 - 17。

(a) (b)

(c) (d)

图 3 - 17　污泥系统

4. 加药、加氯单元

（1）加 PAC 、PAM

水中一般含有悬浮物、有机物和胶体等杂质，这些杂质往往带有一定量的同性电荷，他们相互排斥，难以聚集成大颗粒。PAC（聚合氯化铝）是长链的高分子聚合物，在水中可形成带电荷的 $Al_x(OH)_y^{3-y}$ 长链多功能基团，它具有压缩胶体双电层的作用，同时对异性电荷也起到中和作用，而且每一个基团都可以吸附水中分散的小颗粒杂质。

PAC 加药装置的作用是为系统投加适量的聚凝剂，将原水中的悬浮物、有机物、胶体等凝聚成大颗粒的矾花，以便其在后续的沉淀设施中被有效地去除。PAC 加药泵见图 3 - 18。

根据原水流量及浊度的实际情况，PAC 的投加量可在 15 ~ 50mg/L 之间调整，

图 3 - 18　PAC 加药泵

正常生产时原则上每日调配 1 次，配置浓度为 20%。PAC 混凝剂采用液压隔膜式计量泵投加，采用机械搅拌装置进行药剂搅拌。加药泵的正常流量为：165～550L/h。

PAM(聚丙烯酰胺)的作用是协助 PAC 在较短的时间内促进矾花迅速增大，提高凝聚效果，以便在沉淀或过滤中更有效的去除杂质颗粒。

PAM 是长链的有机聚合物，它在小矾花之间起到桥架作用，桥架之后形成的一张网状的污泥层又起到网捕的作用。

PAM 加药泵(图 3-19)采用液压隔膜式计量泵，能根据处理水量准确计量加入药品。根据原水流量及浊度情况，PAM 助凝剂的投加量为 0.5～2.0mg/L，正常生产时原则上每日调配 1 次，配置浓度为 0.1%～0.2%。PAM 助凝剂采用计量泵投加，采用机械搅拌装置进行药剂搅拌。当配置浓度为 0.1% 时，加药泵的流量为：1100～4400L/h；当配置浓度为 0.2% 时，加药的流量为 550～2200L/h。

污泥处理 PAM 药剂投加。根据设计要求 PAM 助凝剂采用计量泵投加，采用机械搅拌机装置进行药剂搅拌，与净水加 PAM 装置共用一套溶解和溶液池，增加 2 台液压隔膜式计量泵，正常运行时单台液压隔膜计量泵足以满足污泥处理 PAM 助凝剂投加的要求流量。PAM 的投加量为 0.5～2.0mg/L，加药量通过手动调整计量泵的活塞冲程来实现。

图 3-19 PAM 加药泵

（2）二氧化氯发生单元

二氧化氯发生系统(图 3-20)采用一定浓度的亚氯酸钠和盐酸溶液作为原料反应生成，其反应转化率大于 95%。经过相应的隔膜计量泵精确计量后，由水射器产生的真空动力吸入到反应柱中，在真空条件下反应物充分混合并瞬间反应(反应时间小于 10^{-6} s)产生二氧化氯，然后经过水射器与稀释水流混合，形成一定浓度的二氧化氯溶液，直接送到投加点。本系统用于流砂过滤池前水除藻类和生活供水的消毒。

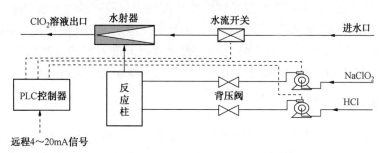

图 3-20 二氧化氯发生系统的反应原理图

二氧化氯发生器(图 3-21)的反应原理如下：

$$5NaClO_2 + 4HCl \longrightarrow 4ClO_2 + 5NaCl + 2H_2O$$

三、技术特点

1. 重力自流

自原水进配水池、沉砂池、絮凝反应沉淀池、流砂过滤器至过滤集水池的各系统，

污泥从絮凝反应沉淀池至污泥浓缩池之间没有设置动力泵动力源，全部靠液位差的重力自流来实现，节约电能。

2. 自动反洗

流砂过滤器采用自动反洗装置，减少了废水外排量，提高了净化水制水率。同时减少了反洗时使用的能源。

3. 自动运行控制及加药

本装置采用可编程序控制器（PLC）控制，絮凝沉淀池采用定时自动排泥，污泥系统和回收水池可根据液位情况自动运行收排水。加药装置可根据原水流量仪表及原水浊度信号来调整加药量，自动化

图 3－21　二氧化氯发生器

程度高，减少了人为因素对装置运行的影响，降低了工人的劳动强度。

第二节　工艺过程

一、絮凝反应沉淀工艺

原水入厂总管线经调节控制阀至配水池，分为两路管线分别至沉砂池内。出沉砂池后汇合，又分别进入絮凝反应沉淀单元与凝聚剂（PAC）加药线汇合，经孔板式净水混合器（两套）进行混合后进入絮凝反应池。两路分别增加了加氯线，以防止夏季水流速度慢易结藻类。助凝剂（PAM）加药线向絮凝反应池中加药，助凝剂加药位置可根据池中矾花情况进行调整。进入絮凝反应沉淀池的絮凝反应区经小孔眼格网絮凝设备充分反应絮凝，然后流入沉淀池。自沉淀池流出的澄清水自流进入流砂过滤系统进一步净化。絮凝反应池和沉淀池底部污泥通过管道自压排至污泥浓缩池中进行处理。

二、流砂过滤工艺

絮凝反应沉淀池的澄清水分别与加氯管线汇合后，分别进入 6 组流砂过滤池设备上部的进水口，经中心管流到设备内底部入进水分配器进入砂床底部，水流向上穿过滤层而被净化。滤后水从设备上部出水口排出，出流砂过滤器的清水汇合后自流到过滤集水池中，然后经过滤水提升泵提升到清水罐中使用。洗砂器的反洗水汇合自流至污泥处理系统的回收水池中再做回用。

36 套流砂过滤器分为两组共 6 个小单元排列，可根据实际运行中生产用水量来调

整流砂过滤器小单元的运行状态，为弹性操作提供方便。

三、污泥处理工艺

从絮凝反应沉淀池底部排出的含泥污水体自流进入污泥浓缩池中进行沉淀，污泥浓缩上清液出水收集至回收水池。在污泥浓缩池底部刮泥机的运转作用下，污泥通过中心孔排至污泥输送泵并加入污泥脱水凝聚剂（PAM）混合后送至离心脱水机进行脱水分离，脱水后的干泥存放或装车外运。污泥脱水机滤液回流至回收水池，经回收水泵输送返回配水池中。见图 3 – 22。

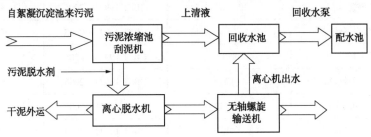

图 3 – 22　污泥处理系统流程简图

四、PAC 、PAM 加药工艺

PAC 加药装置在溶解池（一个）用新鲜水与 PAC 药剂配制成 20% 的溶液，经溶解搅拌后，自流至溶液池（两个），再通过 PAC 药剂计量泵（两用一备）送至絮凝反应沉淀池前的原水孔板式净水混合器中。

PAM 加药装置在溶解池（一个）用新鲜水与 PAM 药剂配制成 0.1% ~ 0.2% 的溶液，经溶解搅拌，自流至溶液池（两个），再通过 PAM 药剂计量泵（两用一备）送至絮凝反应池中，加药的位置根据池中矾花情况确定。

原水的 PAC、PAM 加药系统通过编程的加药 PLC 控制，可分别根据原水入场处的原水流量仪表及原水浊度信号自动调整加药量。

污泥加药装置与 PAM 加药装置共用一套溶液系统，通过药剂计量泵将 PAM 溶液送至污泥脱水机前的污泥输送管线中，依据所产干泥量来控制调整 PAM 的加药量。

五、二氧化氯发生工艺

用卸酸泵将 31% 盐酸从储桶中卸到原料储罐。在化料器中将 80% 的亚氯酸钠溶液稀释成 25% 的溶液，送到原料储罐。两种溶液分别通过电磁隔膜计量泵（各一用一备）输送到反应室与稀释水流注入水射器中，同时产生二氧化氯。生活供水加氯系统使用的盐酸和亚氯酸钠溶液浓度均为 10% 。

二氧化氯投加点分别在絮凝反应沉淀池前或流砂过滤器前入水管线中和净化后生活供水管线中。絮凝反应沉淀池前及流砂过滤器前加氯除藻，可根据生产水中氯离子含量变化来人工调整加氯量。生活用水加氯消毒根据生活供水中在线监测的余氯参数人工调整。

第三节　主要指标

一、设计物料平衡(表3-1)

表3-1　全厂用水平衡表

给水点	水量/(m³/h)	水质标准	备注
工艺装置	25(30)	GB/T 19923—2005	包括硫黄成型装置
火炬及放空系统	5	GB/T 19923—2005	连续用水
循环水场	830	GB/T 19923—2005	连续用水
集输首站、末站及铁路运输	(12)	GB/T 19923—2005	间断用水
水处理站、凝结水站	400(750)	GB/T 19923—2005	连续用水
消防系统补充水	(41)	GB/T 19923—2005	间断用水
保洁、绿化用水	(10)	GB/T 19923—2005	间断用水
不可预见用水	187(288)	GB/T 19923—2005	连续用水
生活用水	(9)	GB 5749—2006	间断用水
合　计	1450(2000)		

注：括号内的数据表示最大流量。

二、主要工艺指标(表3-2)

表3-2　工艺控制指标

名　称	控制项目	单位	控制指标
净化水	出场水压力	MPa	0.44~0.65
	出场水浊度	NTU	≯3.0
	清水罐液位	m	10.0~17.2
消防水	出场水压力	MPa	0.7~1.25
	消防水罐液位	m	10.0~17.2
流砂过滤池	入口浊度	NTU	≯10.0
	出口浊度	NTU	≯3.0

三、公用工程指标

设计净化水场及消防泵站动设备用电设计负荷为1300kW，年耗电量约为1040×10⁴kW·h。净化风用量约为341.4Nm³/h，年消耗量为273.12×10⁴Nm³。其他详见表3-3~表3-5。

表3－3　仪表风消耗表

用风设备	数量	用风量/(m³/h)	备注
流砂过滤器	36 台	302.4	单台 140L/min
风动阀门	39 个	39	单台控制阀 1m³/h
合计		341.4	

表3－4　主要用电设备耗电量表

设备名称	使用台数/台	备用台数/台	单台功率/kW	总功率/kW	电压/V
清水泵	4	2	132	528	380
过滤水提升泵	4	2	55	220	380
消防水泵	3	1	132	396	380
消防稳压泵	1	1	30	30	380
回收水泵	1	1	18.5	18.5	380
离心脱水机	1	1	22	22	380
液压站	1	1	11	11	380
污泥输送泵	1	1	4	4	380
污泥输送机	1	1	2.2	2.2	380
刮泥机	1	1	0.75	0.75	380
机房坑排水泵	1		0.75	0.75	380
电动单轨吊	1		4.5	4.5	380
加药系统	9	5		22.65	380
加氯系统	7	3		3.15	380
合　计	38	20		1271.0	

表3－5　水质化验分析一览表

原水分析项目			产品水分析项目			
分析项目	单位	频次	分析项目	单位	频次	分析依据标准
浑浊度	度	1次/日	浑浊度	度	1次/日	GB/T 13200
色度	度	1次/日	色度	度	1次/日	GB/T 11903—1989
臭和味		1次/日	臭和味		1次/日	
肉眼可见物		1次/日	肉眼可见物		1次/日	
COD_{Mn}	mg/L	1次/日	COD_{Mn}	mg/L	1次/日	GB/T 11914—1989
氨氮	mg/L	1次/日	余　氯	mg/L	1次/日	
pH 值		1次/日	pH 值		1次/日	GB/T 6920—1986
菌落总数	CFU/mL	1次/周	菌落总数	CFU/mL	1次/周	GB 5750—2006
总大肠菌群	个/L	1次/周	总大肠菌群	个/L	1次/周	GB 5750—2006
耐热大肠菌群	个/L	1次/周	耐热大肠菌群	个/L	1次/周	GB 5750—2006

第四节 原料辅料

一、主要原料性质

净化水场水源取自后河，此河段水质感观指标较好，污染相对较小，水质属中等矿化度水。平时河流水量充沛常年无断流。河水成天蓝色，水质清澈透明，水面无任何肉眼可见漂浮物。原水进水浊度平时按 2～220mg/L 计，暴雨时浊度高达 3000NTU 以上。

二、主要辅助材料性质

净化水场及消防泵站主要的辅助化工原料主要有 PAC（凝聚剂）、PAM（助凝剂）、亚氯酸钠和盐酸。

1. 盐酸（HCl）

（1）理化特性

熔点（℃）：–114.8；沸点（℃）：108.6；相对密度（$\rho_{水}=1$）：1.2；相对密度（$\rho_{空气}=1$）：1.26；燃烧性：不燃。

（2）健康危害

吸入、摄入或经皮肤吸收后对身体有害。可引起灼伤。对眼睛、皮肤黏膜和上呼吸道具有强烈的刺激作用。

（3）质量指标（表 3–6）

表 3–6　盐酸质量指标

项目	单位	指标	项目	单位	指标
总酸度（以 HCl 计）	%	≥31	灼烧残渣	%（质量）	≤0.005
铁	%（质量）	≤0.01	氧化物	%	≤0.008

2. 亚氯酸钠（NaClO₂）

（1）性质

白色结晶或结晶粉末。易溶于水。稍有吸湿性。加热至 180～220℃ 即分解。亚氯酸钠属强氧化剂，其氧化能力为漂白粉的 4～5 倍。与碱性水溶液接触对光比较稳定；与酸性水溶液接触受光影响则产生二氧化氯，严重时会造成爆炸性分解。与可燃物接触和有机物混合能引起爆炸。因此盐酸和亚氯酸钠要分开存放，发生反应前溶液不得接触。

（2）质量指标（表3-7）

表3-7 亚氯酸钠质量指标

项目	一级品	二级品
外观	白色晶体或结晶性粉末	微带黄绿色晶体或结晶粉末
亚氯酸钠（$NaClO_2$）含量/%	≥82.0	≥80.0
氯酸钠（$NaClO_3$）含量/%	≤3.5	≤4.0
氯化钠（$NaCl$）含量/%	≤13.5	≤15.0
水分含量/%	≤1.0	1.0

3. PAC（凝聚剂）

PAC（凝聚剂）的化学名称为聚合氯化铝，纯品为无色透明树脂状颗粒固体，但由于原料铝含杂质，通常是黄褐或灰色粉末或颗粒，苦涩带酸味，相对密度为1.20，易溶于水；易潮解，由于制造工艺相异，其盐基度B[（OH）与Al的比值]越小越易潮而液化。

加热到150~170℃分解成Al_2O_3和HCl，是无机聚合物絮凝剂，此物贮存时不能与浓酸、浓碱混贮。

本身无毒，不燃，但是其粉尘会刺激呼吸道、引起咳嗽、长期过量吸入能引肺水肿、矽肺。

产品质量指标符合标准GB 15289—1995，见表3-8。

表3-8 PAC质量指标

指标名称	一级品	合格品	指标名称	一级品	合格品
密度（20℃） ≥	1.19	1.18	pH（1%溶液）	3.5~5.0	3.5~5.0
氧化铝含量/% ≥	10.0	9.0	水不溶物含量/% ≤	0.5	1.0
盐基度/%	50.0~85.0	45.0~80.0			

4. PAM（助凝剂）

PAM（助凝剂）的化学名称为聚丙烯酰胺，是白色或淡黄色粉末或颗粒，溶于水（成黏稠液）。本品是有机物、可燃，禁忌与强氧化剂共运共贮，贮存于阴凉、干燥库房，密封贮存。

本品无毒，粉尘能刺激咽喉，咳嗽。其单体丙烯酰胺是有毒物质（LD_{50}大鼠口入150~180mg/kg），能引起末梢神经损伤，少量重复接触也可严重损害神经系统。中毒症状为脑损伤，困倦疲劳、手指麻辣感，走路不稳；对肝有损害，经动物试验是致癌物质。聚丙烯酰胺可能含少量未聚合的游离单体，聚丙烯酰胺是非离子型有机高分子絮凝剂。

产品质量指标见表3-9。

表 3 – 9　PAM 质量指标

指标名称	阴离子型 PAM 质量指标	阳离子型 PAM 质量指标
固含量/%	≥90	≥90
相对分子质量	400 ~ 1000	800 ~ 2000
残单含量/%	≤3	5 ~ 30
水不溶物/%	≤0.2	≤1
pH 值	10 ~ 12	≤0.2
水溶时间/h	1 ~ 2	≤2

第五节　产品质量

一、生产用水质量

处理后的生产用水水质达到 GB/T 19923—2005《城市污水再生利用　工业用水水质》标准的要求，主要水质指标见表 3 – 10。

表 3 – 10　再生水用作工业用水水源的水质标准

序号	控制项目	工艺与产品用水	序号	控制项目	工艺与产品用水
1	pH	6.5 ~ 8.5	11	总硬度(以 CaCO₃ 计)/(mg/L)	≤450
2	悬浮物(SS)/(mg/L)	无	12	总碱度(以 CaCO₃ 计)/(mg/L)	≤350
3	浊度/NTU	≤5	13	硫酸盐/(mg/L)	≤250
4	色度/度	≤30	14	氨氮[①](以 N 计)/(mg/L)	≤10
5	生化需氧量(BOD_5)/(mg/L)	≤10	15	总磷(以 P 计)/(mg/L)	≤1
6	化学需氧量(COD_{Cr})/(mg/L)	≤60	16	溶解性总固体/(mg/L)	≤1000
7	铁/(mg/L)	≤0.3	17	石油类/(mg/L)	≤1
8	锰/(mg/L)	≤0.1	18	阴离子表面活性剂/(mg/L)	≤0.5
9	氯离子/(mg/L)	≤250	19	余氯[②]/(mg/L)	≥0.05
10	二氧化硅/(SiO_2)	≤30	20	粪大肠菌群/(个/L)	≤2000

注：① 当敞开式循环冷却水系统换热器为铜质时，循环冷却系统中循环水的氨氮指标应小于 1mg/L。
　　② 加氯消毒时管末梢值。

二、生活用水质量

处理后的生活用水水质达到 GB 5749—2006《生活饮用水卫生标准》的要求，主要水质指标见表 3 – 11 ~ 表 3 – 12。

表 3 – 11　水质常规指标及限值

指　　标	限　　值
1. 微生物指标①	
总大肠菌群/(MPN/100mL 或 CFU/100mL)	不得检出
耐热大肠菌群/(MPN/100mL 或 CFU/100mL)	不得检出
大肠埃希氏菌/(MPN/100mL 或 CFU/100mL)	不得检出
菌落总数/(CFU/mL)	100
2. 毒理指标	
砷/(mg/L)	0.01
镉/(mg/L)	0.005
铬(六价)/(mg/L)	0.05
铅/(mg/L)	0.01
汞/(mg/L)	0.001
硒/(mg/L)	0.01
氰化物/(mg/L)	0.05
氟化物/(mg/L)	1.0
硝酸盐(以 N 计)/(mg/L)	10 (地下水源限制时为 20)
三氯甲烷/(mg/L)	0.06
四氯化碳/(mg/L)	0.002
溴酸盐(使用臭氧时)/(mg/L)	0.01
甲醛(使用臭氧时)/(mg/L)	0.9
亚氯酸盐(使用二氧化氯消毒时)/(mg/L)	0.7
氯酸盐(使用复合二氧化氯消毒时)/(mg/L)	0.7
3. 感官性状和一般化学指标	
色度(铂钴色度单位)	15
浑浊度/NTU(散射浊度单位)	1 (水源与净水技术条件限制时为 3)

续表

指　标	限　值
臭和味	无异臭、异味
肉眼可见物	无
pH（pH 单位）	不小于 6.5 且不大于 8.5

指　标	限　值
铝/（mg/L）	0.2
铁/（mg/L）	0.3
锰/（mg/L）	0.1
铜/（mg/L）	1.0
锌/（mg/L）	1.0
氯化物/（mg/L）	250
硫酸盐/（mg/L）	250
溶解性总固体/（mg/L）	1000
总硬度（以 $CaCO_3$ 计）/（mg/L）	450
耗氧量（COD_{Mn}法，以 O_2 计）/（mg/L）	3（水源限制，原水耗氧量 >6mg/L 时为 5）
挥发酚类（以苯酚计）/（mg/L）	0.002
阴离子合成洗涤剂/（mg/L）	0.3

4. 放射性指标[2]

总 α 放射性/（Bq/L）	0.5（指导值）
总 β 放射性/（Bq/L）	1（指导值）

① MPN 表示最可能数；CFU 表示菌落形成单位。当水样检出总大肠菌群时，应进一步检验大肠埃希氏菌或耐热大肠菌群；水样未检出总大肠菌群，不必检验大肠埃希氏菌或耐热大肠菌群。
② 放射性指标超过指导值，应进行核素分析和评价，判定能否饮用。

表 3-12　饮用水中消毒剂常规指标及要求

消毒剂名称	与水接触时间/min	中限值	中余量	管网末梢水中余量
氯气及游离氯制剂（游离氯）/（mg/L）	≥30	4	≥0.3	≥0.05
一氯胺（总氯）/（mg/L）	≥120	3	≥0.5	≥0.05
臭氧（O_3）/（mg/L）	≥12	0.3		0.02（加氯，总氯 ≥0.05）
二氧化氯（ClO_2）/（mg/L）	≥30	0.8	≥0.1	≥0.02

第六节 主要设备

一、机泵类一览表(表3-13)

表1-13 机泵类一览表

名称	规格和型号	单位	数量	备注
过滤水提升泵	$Q=600m^3/h$, $H=30m$	台	6	4用2备
清水泵	$Q=600m^3/h$, $H=50m$	台	6	4用2备
消防加压泵	$Q=250m^3/h$, $H=100m$	台	4	3用1备
消防稳压泵	$Q=54m^3/h$, $H=70m$	台	2	1用1备
回收水泵	$Q=200m^3/h$, $H=0.2MPa$	台	2	1用1备
浓缩池刮泥机	配套$\phi12000$浓缩池	台	2	
污泥输送泵	$Q=12m^3/h$, $H=0.5MPa$	台	2	1用1备
污泥脱水机	$Q=3\sim30m^3/h$, 离心式	台	2	1用1备
无轴螺旋输送机	$Q=2.8m^3/h$	台	2	1用1备
泵坑排污泵	$Q=10m^3/h$, $H=0.1MPa$	台	1	
PAC加药系统		套	3	
液压隔膜计量泵	$Q=405L/h$, 6×10^5Pa	台	3	2用1备
溶解池搅拌器	BLD12-43-1800×1800×1000	套	1	
溶液池搅拌器	BLD12-43-3000×3000×1800	套	2	1用1备
PAM加药系统			3	
液压隔膜计量泵	$Q=1003L/h$, 6×10^5Pa	台	3	2用1备
溶解池搅拌器	BLD12-43-1800×1800×1000	套	1	
溶液池搅拌器	BLD12-43-3000×3000×1800	套	2	1用1备
污泥脱水剂计量泵	$Q=378L/h$, 9×10^5Pa	台	2	1用1备
ClO_2发生系统	TLS-KD2-2000, 2kg/h	套	2	
电磁隔膜计量泵	EHN-B31VC1R, 13L/h, 20m	台	4	2用2备
增压泵	QDLF2-40, 5m³/h, 11m	台	2	1用1备
输料泵	MP25-12	台	1	
卸酸泵	MP25-12	台	1	
ClO_2发生系统	TLS-BD2-100, 100g/h	套	1	
电磁隔膜计量泵	ES-B11VC-230N1, 70m	台	2	

2. 构筑物及容器一览表(表3-14)

表3-14 构筑物及容器一览表

名称	规格和型号	单位	数量
配水池	$6 \times 3 \times 7.5$	座	1
沉砂池	$Q=1175m^3/h$ 钢混结构 $18 \times 9 \times 1.9$	座	2
絮凝反应池	$Q=1175m^3/h$ 钢混结构 $6 \times 9 \times 4.8$	座	2
沉淀池	$Q=1175m^3/h$ 钢混结构 $18 \times 9 \times 4.67$	座	2
过滤集水池	$V=500m^3$ 钢混结构 $18 \times 10 \times 3.5$	座	2
流砂过滤器	1340×4900(17m×16m)	台	6
污泥浓缩池	$V=400m^3$, $\phi12000 \times 3500$	座	2
回收水池	$V=100m^3$	座	1
PAC加药系统		套	1
溶解池	$V=3m^3$ 钢混结构 $1.8 \times 1.8 \times 1.0$	座	1
溶液池	$V=15m^3$ 钢混结构 $3.0 \times 3.0 \times 1.8$	座	2
PAM加药系统			
溶解池	$V=3m^3$ 钢混结构 $1.8 \times 1.8 \times 1.0$	座	1
溶液池	$V=15m^3$ 钢混结构 $3.0 \times 3.0 \times 1.8$	座	2
ClO_2发生系统	TLS-KD2-2000, 2kg/h	套	2
原料储罐	PE-1000L	台	2
化料器	PVC-500 L	台	1
ClO_2发生系统	TLS-BD2-100, 100g/h, 0.7	套	1
原料储罐	PVC-50L	台	2
清水罐	$V=3000m^3$, 钢 $\phi15m \times 18m$	座	2
贮气罐	$V=5m^3$, $\phi1400$	台	2

第七节 仪表控制及操作

一、仪表控制

1. 原水进水总阀的控制

来自后河取水泵站至净化水场的原水流量信号与流砂过滤器后过滤集水池(751-VFT-101A/B)液位(751-LC-00501A/B)通过DCS控制,当过滤集水池液位达到高高液位值4.20m时，报警并联锁调节进水总管线阀门(751-LV-00501)开度调整，降低总管进水量；当过滤集水池液位达到低液位值0.6m时，联锁调节进水总管线阀门开度调整增大总管进水量。信号亦可软切换为手动控制。

2. 过滤水提升泵与清水罐液位、过滤集水池液位的控制

过滤水提升泵(751-P-102A-F)的运行与清水罐(751-VFT-102A/B)液位(751-LT-601A/B)通过DCS控制，当清水罐液位达到高限液位值17.20m时，报警并调节过滤水提升泵的运行数量，亦可软切换为手动控制。当清水罐液位达到低限液位值16.50m时，报警并调节过滤水提升泵的运行数量。同时过滤水提升泵与过滤集水池(751-VFT-101A/B)液位(751-LC-501A/B)通过DCS控制，当过滤集水池液位达到低低液位值0.60m时，报警并自动停运过滤水提升泵。

3. 清水泵、消防泵与清水罐液位的控制

清水泵(751-P-101A-F)的运行与清水罐(751-VFT-102A/B)液位(751-LT-601A/B)通过DCS控制，当清水罐液位达到低限液位值9.90m(目前清水罐液位低报为10.8m)时，报警并自动停运清水泵和消防稳压泵(751-P-104A/B)。当清水罐液位达到低低液位值1.15m时，自动停运消防泵(751-P-103A-D)。

4. 回收水泵开停与回收水池液位的自动控制

回收水泵(751-P-105A/B)的开、停与回收水池(751-S-101)液位通过PLC控制，当回收水池液位达到高液位值3.50m时，自动启动回收水泵。当回收水池液位达到低液位值0.50m时，报警并自动停运回收水泵。

5. 污泥浓缩池刮泥机启停控制

污泥浓缩池运行数量由絮凝反应沉淀池的排出泥量及其含固率(运行经验值)控制。刮泥机启停控制：泥位计与污泥浓缩池进料阀和刮泥机联锁。当絮凝反应沉淀池排出泥量较低，可采用单座运行时，可关闭其中一台污泥浓缩池进料阀，排泥至泥位低，关闭相应的刮泥机电机，转向单座污泥浓缩池运行模式；或两台低负荷运行。

6. 污泥脱水系统的启停控制

污泥脱水系统的启动运行控制：污泥输送泵与泥位计联锁，当浓缩池内泥位高时，启动污泥输送泵，同时启动污泥脱水机、无轴螺旋输送机和脱水剂加药装置。

污泥脱水系统的停机控制：当污泥浓缩池泥位低时，污泥输送泵、脱水剂加药装置停止运行，开启污泥输送泵前、离心脱水机前相应的水冲洗阀门，冲洗约30s，冲洗完毕后，关闭冲洗阀门，脱水机继续运行约10min后停止运行。当脱水机停止运行时，无轴螺旋输送机延时运行1~2min后停机。

7. PAC和PAM加药的控制

PAC和PAM的加药泵的控制分为遥控控制和自动控制。在遥控控制方式下通过加药泵控制对话框启动和停止按钮可以启动或停止加药泵运行。通过相应滑块和上下控制按钮调节控制加药泵运行频率和冲程。在自动控制方式下，系统自动检测原水流量、原水浊度、待滤水浊度等水质参数的变化趋势，从而自动调节加药量，自动控制频率和冲程数值变化。

二、仪表性能（表3-15）

表3-15　仪表性能表

仪表类别	仪表编号	仪表位置	检测内容	备注
在线检测仪表	751-AI-101	原水进装置处	浊度检测显示	
	751-AI-102	原水进装置处	pH值	
	751-AI-103	净化水出装置	浊度	
	751-AI-104	净化水出装置	pH值	
	751-AI-105	生活水出装置	余氯	
	751-AI-201	絮凝反应池前	浊度	
	751-AI-301	流砂过滤器前	浊度	
	751-AI-401	流砂过滤器后	浊度	
	751-AI-402	流砂过滤器后	浊度	
温度压力显示仪表	751-TI-101	原水进装置处	温度显示	
	751-TI-102	净化水出装置	温度显示	
	751-PI-101	原水进装置处	压力显示	
	751-PI-102	净化水出装置	压力显示	
	751-PI-103	消防水出装置	压力显示	
流量显示仪表	751-FIQ-101	原水进装置处	流量显示累计	
	751-FIQ-102	生产水出装置	流量显示累计	
	751-FIQ-103	生活水出装置	流量显示累计	
液位显示	751-LI-501A/B	过滤集水池	液位显示	超声波液位计
	751-LI-601A/B	清水罐	液位显示	雷达液位计
	751-SE-701A/B	污泥浓缩池	污泥界位显示	
	751-LI-702	回收水池	液位显示	
仪表DCS控制	751-LC-501	过滤集水池	液位控制	
	751-LY-501	原水进口气动阀	液位控制	
	751-PY-102	净化水出口压力	压力控制	
	751-LC-601	清水罐	液位控制	
PLC控制	751-LT-701A/B	污泥浓缩池	液位PLC控制	
	751-LT-702	回收水池	液位PLC控制	

三、现场操作

1. 过滤水集水池液位控制

控制目的：保障清水罐有充足的水源，使清水罐高液位平稳操作。

控制范围：3.70~4.2m。

相关参数：原水流量（751 - FIQ - 00101）、净化水供水流量（751 - FIQ - 00102）、清水罐液位（751 - LI - 00601A/B）。

正常调整：见表 3 - 16。

表 3 - 16　集水池液位异常的调整

现　象	影响因素	调整方法
集水池液位升高	清水罐高液位	降低进厂原水流量
集水池液位降低	清水罐低液位	增大进厂原水流量

2. 清水罐的液位控制

控制目的：保障清水罐处于高液位平稳操作，以确保消防用水。

控制范围：15. 20 ~ 17. 20m。

相关参数：过滤提升泵台数（751 - P - 102A - F）、净化水供水流量（751 - FIQ - 00102）、消防水用量（751 - FIQ - 00103）。

控制方法：通过 PLC 控制调整过滤提升泵的运行台数，来调节清水罐液位

正常调整：见表 3 - 17。

表 3 - 17　清水罐液位异常的调整

现　象	影响因素	调整方法
清水罐液位降低	净化水供水流量增加	根据生产需要进行调整操作
清水罐液位升高	净化水供水流量减少	根据生产需要进行调整操作

3. 回收水池的液位控制

控制目的：回收水池液位处于低液位操作，以防止大量污水时造成水池满而溢流。

控制范围：0. 50 ~ 3. 50m。

相关参数：回收水泵运行台数（751 - P - 105A/B）、原水的浊度（751 - AI - 00101）。

控制方式：回收水池液位与回收水泵通过 PLC 控制。

正常调整：见表 3 - 18。

表 3 - 18　回收水池液位异常的调整

现　象	影响因素	调整方法
回收水池液位过高	污泥浓缩池和流砂池来水量大	同时开启两台泵运行，及时保持回收水池低液位
回收水池液位过低	上游来水量小	两台泵全部停运

4. 净化水水质下降

控制目的：净化水水质下降，影响到生产和生活用水质量。

控制范围：浊度≤3 mg/L 细菌总数≤100 CFU/mL。

相关参数：加药系统 PLC 控制、加氯系统 PLC 控制、原水浊度（751 - AI - 00101）。

控制方式：加药、加氯系统 PLC 控制调大加药量或改为手动控制。

正常调整：见表 3 - 19。

表 3 - 19　净化水水质下降的调整

现象	影响因素	调整方法
原水水质浑浊	河水浑浊，原水浊度增大	控制增大加药系统量
净化水细菌总数偏高	原水细菌量增大	控制增大加氯系统量

5. 净化水压力控制

控制目的：确保全厂生产、生活供水的压力平稳。

控制范围：0.44～0.65MPa。

相关参数：清水泵运行台数（751 - P - 101A - F）、清水流量（751 - FIQ - 00102）、清水罐液位（751 - LI - 00601A/B）。

控制方法：调整清水泵的运行台数，来调节净化水供水压力。

正常调整：见表 3 - 20。

表 3 - 20　净化水压力异常的调整

现象	影响因素	调整方法
供水压力降低	用户用水量增大	开备用泵或停运行泵，及时保持系统压力
压力增大且流量减少	用户用水量降低	过剩水通过压力控制阀返回清水罐

6. 消防水压力控制

控制目的：确保全厂生产、生活消防水系统的压力平稳。

控制范围：0.75～1.25MPa。

相关参数：消防稳压泵运行台数（751 - P - 104A/B）、消防水泵运行台数（751 - P - 103A - D）、消防水流量（751 - FIQ - 00103）、消防水罐液位（751 - LI - 00601A/B）。

控制方法：调整消防稳压泵或消防水泵的运行台数，来调节消防水供水压力。

正常调整：见表 3 - 21。

表 3 - 21　消防水压力异常的调整

现象	影响因素	调整方法
消防水压力降低	消防水用量增大	开备用消防稳压泵运行，保持消防系统压力
消防水罐液位偏低	用户水用量增大	联系水源大量补充原水，加大处理水量

第四章 公用工程系统

第一节 取水工程

一、工程简介

气田后河取水泵站(图4-1)肩负着为气田生产、生活用水提供原水供应的重任,位于达州市宣汉县普光镇,始建于2007年7月12日,2008年11月2日投产。泵站由提升泵房和辅助用房组成。提升泵房采用圆形竖井式泵房,泵房内安装4台离心泵组(图4-2),设计最大取水量2200m³/h,单泵额定流量865m³/h。取水形式采用岸边分体式取水构筑物,采用两根 $\phi820\times10$mm 的螺旋缝焊接钢管引至集水池,通过安装在泵房内的加压泵进行加压输水,经 $\phi630\times9$mm 的螺旋缝钢管输送至普光酸性气田净化厂厂区,输水管线单线设计输水能力为取水量的70%,全长约1.1km(图4-3)。

图4-1 普光气田后河取水泵站

图4-2 普光气田后河取水泵内部结构布局图

二、后河取水泵站

(一)工艺流程图

后河取水泵站取水头伸入前方深潭中,河水通过取水头、取水管线自流到集水池内,通过运行的离心泵增压,沿主输水管线输送至净化厂净化水场,工艺流程见图4-4。

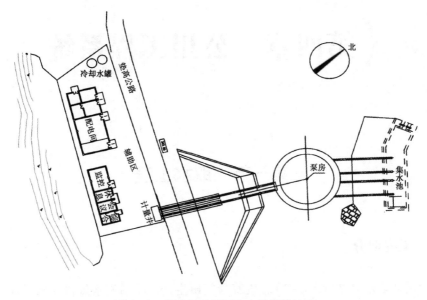

图 4-3 普光气田后河取水系统设计图

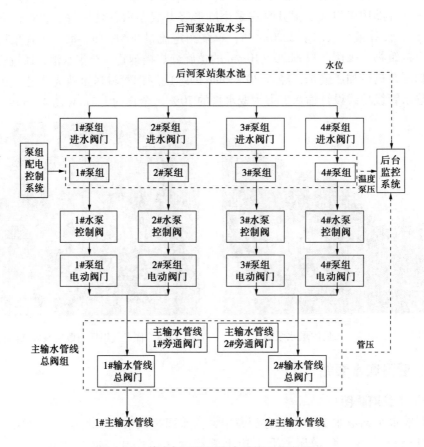

图 4-4 普光气田后河取水系统工艺流程图

(二) 主要设备一览表(表4-1)

表4-1 泵站主要设备一览表

设备名称	型号规格	额定流量	额定扬程	额定电压	功率/kW	转速/(r/min)	功率因数	单位	数量
水平中开式单级双吸离心泵	KQSN350-N6-530	865m³/h	74~83m					台	4
配套电机	YKS3556-4			6kV	315	1480	0.86	台	4

(三) 站内主要控制参数

(1) 输水管线压力：0.7~0.8MPa。

(2) 电机冷却水压力：0.1~0.2MPa。

(3) 单泵流量：不小于850m³。

(4) 离心泵轴承温度：一般不应超过75℃，当环境温度达到40℃，轴承温度不应超过90℃，环境温度超过40℃时，轴承温度不应超过100℃。

(5) 6kV高压电机。

定子线圈温度：报警温度135℃，停用温度140℃；

绕组线圈温度：报警温度120℃，停用温度125℃；

轴承温度：报警温度为85℃，停用温度95℃。

(四) 巡检路线

分为辅助用房巡检和泵房巡检路线。

1. 辅助用房巡检路线(图4-5)

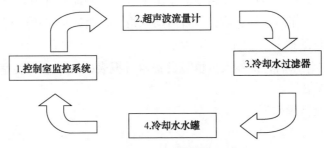

图4-5 辅助用房巡检路线图

2. 泵房巡检路线(图4-6)

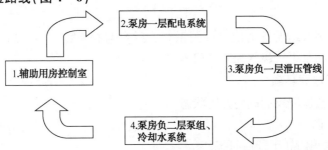

图4-6 泵房巡检路线图

3. 现场巡检

泵组设备纳入交接班巡检内容，交接班巡检一次。

① 泵组设备交接班巡检内容包括但不仅限于以下各项：

a）泵组运行情况；

b）控制阀门完好和开闭情况；

c）设备、管线外观完好状况；

d）设备和周围环境的卫生洁净情况；

e）后台监控系统工作情况；

f）仪器仪表显示情况。

② 交接班巡检中发现的泵组设备缺陷或隐患要记录在以下资料中：

a）巡回检查记录；

b）设备缺陷统计台账；

c）隐患排查治理台账；

d）交接班记录。

（五）泵组启动

1. 启泵前检查

泵组启动前，要对泵组和配套设施进行启动前的检查。检查内容包含控制阀门、离心泵、冷却水系统和高压电机检查与启动前准备。

2. 泵组启动

泵组启动前需要复述确认需要启动的泵组编号、启动前检查内容无异常、冷却水系统无异常等内容；操作内容确认后，方可启动泵组，泵组启动采用闭阀启动。

3. 工作记录与汇报

泵组启动操作结束后，操作人员填写设备运行报表，向中心调度室报告启泵时间、编号和管线流量等信息。

4. 泵组设备运行操作

（1）目的

为确保后河取水泵站泵组的正常运行和操作人员安全，特制订本技术安全操作规程。

（2）设备

后河取水泵站泵组设备由配电控制系统、后台监控系统、6kV 高压电动机、离心泵、水泵控制阀和泵组进出水控制阀门等组成。

5. 工艺流程注意事项

（1）供水工艺流程控制阀门开闭状态

① 泵组启用时：

a）泵组进水阀门处于开启状态；

b）泵组出水阀门处于关闭状态。

② 1#主输水管线供水，2#主输水管线停用时：

a）主输水管线 1#、2#旁通阀门处于开启状态；

b）1#主输水管线总阀门处于开启状态；

c）2#主输水管线总阀门处于关闭状态。

③ 2#主输水管线供水，1#主输水管线停用时。

a）主输水管线 1#、2#旁通阀门处于开启状态；

b）1#主输水管线总阀门处于关闭状态；

c）2#主输水管线总阀门处于开启状态。

④ 泵组检修时：

a）泵组进水阀门处于关闭状态；

b）泵组出水阀门处于关闭状态。

（2）泵组设备启动前的检查和准备

① 控制阀门：

a）检查泵组的进水控制阀门是否处于开启状态，出水控制阀门处于关闭状态；

b）检查主输水管线总阀组各控制阀门是否按主输水管线供水流程处于相应的开启或关闭状态；

c）是否有漏水现象。

② 水泵控制阀：

a）调节阀是否处于开启状态；

b）是否有漏水现象。

③ 离心泵：

a）转动离心泵的转子，用手能容易转动转子一周以上；

b）确定离心泵的排空情况，确保泵腔内无空气；

c）离心泵的轴封情况，均匀调整填料压盖上的压紧螺母，使水成明显滴状漏出。

④ 冷却水系统：检查冷却水系统流程是否正常。

⑤ 6kV 高压电机：

a）检查电压是否正常（数据从后河取水泵站供电后台系统读取）；

b）通水检查，检查主要部位有：进出水法兰、冷却器、冷却器其他部位（冷却器泄水孔），如果发现有漏水现象，不得启动电机；

c）检查保护用仪表及信号仪表是否正常；

d）检查电动机机座接地情况；

e）检查轴承部位是否有漏油现象。

⑥ 检查后台监控系统是否工作正常。

⑦ 其他：

a）集水池水位（后台监控系统）；

b）压力传感器外观是否完好；

c）控制、信号传输线路外观是否完好。

（3）泵组启动

① 泵组启动前确认操作内容：

a）所要启动的泵组编号；

b）所要启动的泵组设备启动前的各项检查均无异常；

c）泵站供水流程正确；

d）所要启动的泵组的冷却水系统是否工作正常。

② 泵组启动采用闭阀启动。

③ 填写设备运行报表，向中心调度室报告启泵时间、编号和管线流量。

④ 高压电机启动异常情况及处理：

a）高压电机在接通电源后 1~2s 内未转动，应立即切断电源，在排除故障后才能再次启动。

b）在冷态常温下，高压电机连续启动不得超过 2 次，每次间隔时间不少于 5min。额定运行温度的热态下最多启动一次。在冷态常温下，间隔 5min 后，电动机第二次启动，电动机仍没有启动起来，必须要排除故障，在间隔 2h 后才能第三次启动。高压电机如果仍然没有启动，在未查明原因和消除故障之前，不得再次启动。

（4）运行中巡回检查

泵组启动后要立即对泵组设备进行一次巡回检查。在运行中，每 2h 要对泵组设备进行一次巡回检查，值班人员要做到四勤：勤摸、勤看、勤嗅、勤巡回检查。泵组设备巡回检查包括但不仅限于以下内容。

① 离心泵：

a）轴承和泵腔声音，有无异响。

b）轴承温度。轴承温度一般不应超过 75℃，当环境温度达到 40℃，轴承温度不应超过 90℃，当环境温度再升高，轴承温度不应超过 100℃。

c）轴承是否漏油。

d）离心泵电流是否正常。

e）泵压（后台机）是否正常。

f）离心泵的轴封情况，均匀调整填料压盖上的压紧螺母，使水成明显滴状漏出。

g）联轴器防护罩是否安装可靠。

② 6kV 高压电机：

a）电机的运转情况，有无异响。

b）定子线圈温度，报警温度 135℃，停用温度 140℃（后台监控系统监控）。

c）绕组线圈温度，报警温度 120℃，停用温度 125℃（后台监控系统监控）。

d）轴承温度。报警温度为 85℃，停用温度 95℃（后台监控系统监控）。

e）轴承是否漏油。

③ 冷却水系统：检查 6kV 高压电机冷却水是否正常。冷却水系统的巡回检查按《后河取水泵站冷却水系统安全技术操作规程》执行。

④ 阀门：检查是否漏水。

⑤ 水泵控制阀：检查是否漏水。

⑥ 后台监控系统：系统是否运行正常。

⑦ 其他检查项：

a）泵房内有无异味及焦糊味；

b）集水池水位（后台监控系统）；

c）管压（后台监控系统和管线压力表）。

巡回检查中发现的异常情况要及时进行处理，必要时要立即停止泵组运行，在检修完毕后方可继续运行。

巡回检查内容记录在巡回检查记录本中，设备运行参数填写在设备运行报表中。

巡回检查中发现的设备缺陷和事故隐患还需记录在设备缺陷统计台账和隐患排查治理台账中。

巡回检查中发现的设备缺陷或事故隐患的整改情况要在交接班记录本中记录。

（5）泵组停运

① 泵组停运操作：

a）确认所要停运的泵组编号；

b）关闭泵组出水阀门；

c）切断泵组控制电源，泵组停运。

② 停运后的检查。泵组停运后应对泵组设备进行检查，检查内容包括但不仅限于以下内容。

离心泵：

a）轴承温度；

b）轴承是否漏油；

c）离心泵的轴封情况，均匀调整填料压盖上的压紧螺母，使水成明显滴状漏出；

6kV 高压电机：

a）进出水法兰、冷却器、冷却器其他部位（冷却器泄水孔）是否有漏水现象。

b）检查是否有漏油现象。

泵组冷却水系统是否关闭，冷却水系统操作按《后河取水泵站冷却水系统安全技术操作规程》执行。

控制阀门和水泵控制阀是否漏水。

设备卫生和环境卫生清扫情况。

③ 填写设备运行报表。

（6）设备保养

① 卫生。每日必须对设备外观卫生和周围环境卫生进行打扫，设备要整洁，环境无杂物。

② 防腐。泵组设备和附属管线每年防腐一次，对设备、管线外表除锈刷漆。色调如下：

a）泵组为绿色，电机为银灰色；

b）管线、泄压管线为绿色；

c）控制阀门为蓝色；

d）水泵控制阀为蓝色；

e）设备双编号为白底红字；

f）流程箭头为白底红字；

g）法兰连接螺栓的丝扣要做防腐处理。

③ 离心泵：

a）定期擦拭设备，保证设备整洁。

b）定期添加更换润滑脂。润滑轴承用的锂基黄油的数量以占轴承体空间 1/3～1/2 为宜。

c）经常调整填料压盖，保证填料室内的滴漏情况正常（以成滴漏出为宜）。

d）定期检查轴套的磨损情况，磨损较大后应及时更换。

e）离心泵长期停用，需将泵全部拆开，擦干水分，将转动部位及结合处涂以油脂装好，妥善保管。

④ 6kV 高压电机：

a）定期擦拭设备，保证设备整洁。

b）定期添加更换润滑脂。润滑脂采用 7008 通用航空润滑脂，如无此牌号，也可以采用 3#锂基润滑脂或 2#电机润滑脂试用。

c）定期检查清理冷却器，减轻污物对冷却器的腐蚀。

⑤ 水泵控制阀：

a）定期擦拭设备，保证设备整洁；

b）检查调节阀完好和连接管线牢靠。

⑥ 控制阀门：

a）定期擦拭控制阀门，保证阀门整洁；

b）定期检查阀门完好，填料密封是否严密。

（7）安全

① 劳动保护：

a）操作人员必须正确穿戴劳保用品；

b）进入泵房操作和巡检必须戴安全帽；

c）进入泵房操作必须携带便携式四合一气体检测仪。

② 泵房通风：

a）进入泵房底部进行操作和巡检必须对泵站内气体进行检测，合格后方可进行；

b）首次进入泵房操作和巡检前必须开启轴流风机通风 15min 以上，操作和巡检过程中，保持强制通风状态。

③ 泵房通信：泵房内操作和巡检人员必须携带手持对讲机，随时保持与控制室监控人员通信畅通。

④ 操作人员：泵组设备的运行操作必须两人进行，一人检查确认，一人复述操作。

⑤ 缺陷和隐患治理：在操作和作业过程中，所发现的设备缺陷和隐患必须及时登记、上报和处理。

(8)处罚

操作人员操作纳入项目部日常考核，违反操作规程操作按项目部考核办法处理。

三、冷却水系统运行操作

后河取水泵站冷却水系统包括冷却水罐、手动反冲洗过滤器、冷却水管线、控制阀门和高压电机冷却器部分。

（一）工艺流程

后河取水泵站6kV高压电动机采用水冷却，冷却水工艺流程见图4-7。

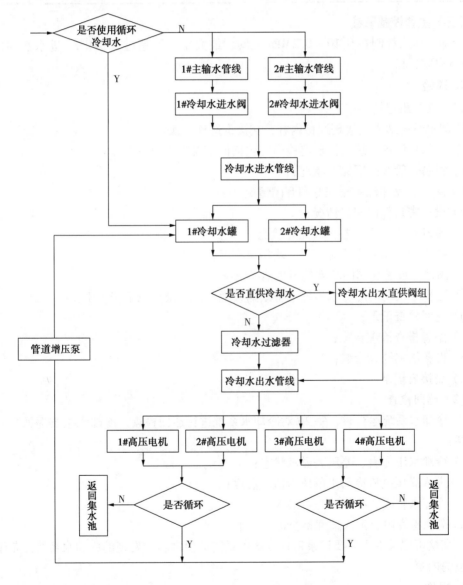

图4-7　后河泵站冷却水工艺流程

（二）主要设备一览表（表4-2）

表4-2　冷却水系统主要设备一览表

序号	设备名称	型号	数量	主要参数	安装地点	备注
1	水罐		2个	30m³	辅助用房院内	
2	过滤器	QXG-150	1		辅助用房院内	
3	冷却水管线	DN100	120m			
4	控制阀门	DN40	12个		院内、负一层负二层	
5	高压电机散热器	YKS3556-4	4台		泵房底部	

（三）主要控制参数

冷却水压力控制在0.10~0.2MPa之间，最大压力不超过0.3MPa。进水水温保持在5~33℃之间。

1. 巡检

（1）交接班巡检

冷却水系统纳入交接班巡检内容，交接班巡检一次。

① 冷却水设备系统交接班巡检内容包括但不仅限于以下各项：

a）设备、管线外观完好状况；

b）阀门、反冲洗手轮完好和开闭情况；

c）设备密封部位密封情况；

d）冷却水压力表、差压表完好状况；

e）各阀门、循环水系统管线、增压泵完好情况；

f）阀井、设备和周围环境的卫生洁净情况。

② 巡检中发现的冷却水系统设备缺陷或隐患要记录在以下资料中：

a）巡回检查记录；

b）隐患排查治理台账；

c）设备缺陷统计台账；

d）交接班记录。

（2）巡回检查

① 冷却水系统运行时，每2h对冷却水系统进行巡回检查，冷却水系统巡回检查内容包括：

a）冷却水压力表、差压表显示状态；

b）进入高压电机冷却水的压力值、温度；

c）冷却水管线、冷却器是否漏水。

② 巡回检查内容记入巡回检查记录本中。

在交接班记录本中需要记录每日冷却水系统巡检内容和发现的冷却水系统设备缺陷或隐患的内容。

2. 操作

启动离心泵组之前必须需要首先开启冷却水系统，冷却水系统操作流程分使用循环冷却水操作和不使用循环冷却水操作，在洪水期间使用循环冷却水操作，操作流程如下：

（1）不使用循环冷却水操作

① 检查确认冷却水进水控制阀组开闭状态；

a）使用1#输水管线：确认冷却水进水控制阀组1#管线冷却水给水阀门处于开启状态，2#管线冷却水给水阀门处于关闭状态。

b）使用2#输水管线：确认冷却水进水控制阀组1#管线冷却水给水阀门处于关闭状态，2#管线冷却水给水阀门处于开启状态。

② 检查确认1#、2#冷却水罐进、出口阀门处于开启状态。

③ 检查确认冷却水出水控制阀组开闭状态：

a）使用手动反冲洗过滤器，确认手动反冲洗过滤器进、出口阀门处于开启状态，冷却水出水直供阀组处于关闭状态；

b）手动反冲洗过滤器停运时，确认手动反冲洗过滤器进、出口阀门处于关闭状态，冷却水出水直供阀组处于开启状态。

④ 确认二层平台准备启运泵机组的相应冷却水控制阀门处于开启状态。

⑤ 确认准备启运泵机组前冷却水控制阀门处于开启状态。

⑥ 检查进入电机冷却水的压力是否正常，压力保持在0.1~0.2MPa范围内，最大不能超过0.3MPa。

⑦ 检查进入电机冷却水温度是否正常，进水水温保持在5~33℃之间。

⑧ 检查冷却水系统有无漏水现象。

⑨ 检查确认工作必须由两人进行，一人检查确认，一人复述确认，各项条件确认正常后方可启泵。

（2）使用循环冷却水操作

① 检查确认1#冷却水罐进水阀门处于关闭状态、出水阀门处于开启状态。

② 检查确认循环冷却水进入1#冷却水罐阀门处于开启状态。

③ 检查确认冷却水出水控制阀组开闭状态：

a）使用手动反冲洗过滤器，确认手动反冲洗过滤器进、出口阀门处于开启状态，冷却水出水直供阀组处于关闭状态；

b）手动反冲洗过滤器停运时，确认手动反冲洗过滤器进、出口阀门处于关闭状态，冷却水出水直供阀组处于开启状态。

④ 检查确认二层平台准备启运泵机组的相应冷却水控制阀门处于开启状态。

⑤ 检查确认1#、2#冷却水进入集水池管线阀门处于关闭状态。

⑥ 检查确认准备启运泵机组前冷却水控制阀门处于开启状态。

⑦ 检查确认泵站负二层循环冷却水控制阀门处于开启状态。

⑧ 开启循环冷却水离心泵。

⑨ 检查进入电机冷却水的压力是否正常，压力保持在0.1~0.2MPa范围内，最大不能超过0.3MPa。

⑩ 检查进入电机冷却水温度是否正常，进水水温保持在5~33℃之间。

⑪ 检查冷却水系统有无漏水现象。

⑫ 检查确认工作必须由两人进行，一人检查确认，一人复述确认，各项条件确认

正常后方可启泵。

⑬ 通过1#冷却水罐循环冷却水补充阀门对循环冷却水进行补充。

3. 停运

离心泵组停运后，及时关闭冷却水系统。操作流程如下：

（1）确认所关闭的离心泵组编号。

（2）使用循环冷却水时，首先要关闭循环冷却水管道离心泵。

（3）关闭相应编号离心泵组的二层平台冷却水控制阀门。

（4）检查冷却水系统有无漏水现象。

4. 保养

（1）卫生

每日必须对设备外观卫生和周围环境卫生进行打扫，设备要整洁，环境无杂物。

（2）防腐

冷却水设备、管线每年防腐一次，对设备、管线外表除锈刷漆。色调如下：

a）冷却水罐为绿色；

b）冷却水管线、泄压管线为绿色；

c）手动反冲洗过滤器刷为蓝色；

d）阀门阀体刷蓝色调和漆，阀门手轮和蜗杆传动壳体为黑色，阀体标识字母为红色；

e）设备双编号为白底红字；

f）流程箭头为白底红字；

g）法兰连接螺栓的丝扣、手动反冲洗过滤器的丝杠要做防腐处理。

（3）手动反冲洗过滤器

定期对手动反冲洗过滤器进行排污和反冲洗操作。

① 排污周期：

a）每日巡检时必须对手动反冲洗过滤器进行排污和反冲洗；

b）洪水期期间，手动反冲洗过滤器每使用1h就必须进行一次排污和反冲洗操作。

② 排污和反冲洗操作：

a）排污和反冲洗操作可以在冷却水运行期间进行，使用循环冷却水期间不用进行排污和反冲洗操作；

b）开启手动反冲洗过滤器排污阀门；

c）逆时针旋转手动反冲洗过滤器反冲洗手轮；

d）反冲洗手轮旋转到位后，顺时针旋转手动反冲洗过滤器反冲洗手轮；

e）反冲洗手轮旋转到位后，重复进行c）和d）操作2~3次；

f）关闭手动反冲洗过滤器排污阀门；

g）反冲洗手轮旋转速度控制在2~3r/s；

h）排污和反冲洗操作由两人协同进行，一人在手动反冲洗过滤器前进行排污和反冲洗操作，一人在管线排污口处观测所排污水的变化。排污和反冲洗操作在泵站运行记录本中记录。

（4）冷却水罐

定期对冷却水罐进行排污操作。冷却水罐的排污可以在系统运行期间进行，使用循环冷却水期间可以不进行排污操作。

① 排污周期：

a）每天必须排污一次；

b）洪水期间每 1h 排污一次。

② 排污操作：

a）冷却水罐排污实行单罐排污，严禁双罐同时排污。

b）开启冷却水罐排污阀门，对冷却水罐进行排污，排污是否结束按冷却水罐排污管出水水质进行判断。

c）冷却水罐排污操作结束后，关闭冷却水罐排污阀门。

d）冷却水罐排污操作必须两人进行，一人操作，一人确认；一人排污，一人观察。

（5）高压电机水冷却器

每年对高压电机水冷却器进行一次检查清理，对冷却器中的沉淀物用毛刷清理干净，减轻污物对冷却器热传导效率的影响和腐蚀。

（6）冷却水

冷却用水必须符合工业用自来水标准，每季度检验一次。

检验指标与限值：

a）浑浊度≤3NTU。

b）pH：6.5~8.5。

c）肉眼可见物：无。

d）总硬度：450mg/L。

e）其他指标。

5. 安全

（1）劳动保护

操作人员必须正确穿戴劳保用品。

（2）直接作业环节

防腐作业中需要进行登高作业。在高处作业时，必须采取以下安全防护措施：

a）正确系挂安全带；

b）必须有人监护；

c）必须检查登高工具，确保登高工具安全可靠；

d）高处有人作业时，下方不能进行交叉作业；

e）严禁高处作业时向下抛物；

f）现场安全负责人必须在现场对作业人员进行安全教育；

g）必要时设置警戒区。

（3）操作人员

冷却水系统启运和排污操作，阀门检查操作上必须两人进行，一人检查确认，一人复述确认。

（4）缺陷和隐患治理

在作业过程中，所发现的设备缺陷和隐患必须及时登记、上报和处理。

6. 处罚

操作人员操作纳入项目部日常考核，违反操作规程操作按项目部考核办法处理。

（四）主要水质控制指标

a）浑浊度≤3NTU。

b）pH：6.5~8.5。

c）总硬度：450mg/L。

第二节　消防水系统工程

一、应急救援中心消防概述

应急救援中心主要承担着普光酸性气田的应急抢险、消防救援工作。目前配备有消防坦克、涡喷、高喷、充气、救护、通信指挥等抢险设备71台，其中消防水系统特种车辆25台，工程车辆4台，大型供水消防泵组4台。部分型号消防车见图4-8~图4-16。

图4-8　北奔泡沫消防车

图4-9　北奔干粉消防车

北奔水罐消防车 厂家:安徽明光浩淼消防科技发展公司 车辆型号:SXF5250GXFPM80SD

我国首辆山地越野消防车,采用ND1250M306N北方奔驰底盘,选用240kW道依茨发动机,6×6驱动形式。顶部装配意大利产举升照明灯,举升高度为8.2m,4×1000W照明灯管,2×500W移动照明灯架。

设计理念:大功率小吨位,内藏密封液罐,山地通过性能强。

作战参数:

项目名称	性能参数	项目名称	性能参数
离去角	≥26°	炮型号	Snake Stumpy4.0°(法国POK)
装载量	8000L	型式	水炮
水泵型号	FPN10-4000-2H(德国西格那)	流量	≥60-100L/S(可自动调节流量)
流量	1.0MPa时(常压)80L/s	射程	≥80m
	2.0MPa时(中压)40L/s	工作压力	≤1.2MPa
引水时间	≤30s	控制方式	遥控/手动(防误操作)

图4-10 北奔水罐消防车

德国【西格那】水罐消防车 厂家:德国 车辆型号:TLF60/120

采用原装奔驰TGA33.480 6×6越野底盘,6缸24气门直列涡轮增压中冷电控共轨喷射发动机,功率480马力。

作战参数:

项目名称	性能参数
爬坡度	>35%°
离去角	≥28°
炮型号	ZW60/30°(西格那)
装载量	12000L(水)
型式	自动水/泡沫炮,鸭嘴可遥控
水泵型号	FP60/10-2H(德国西格那)
流量	≥60L/S(可自动调节流量)
射程	水≥80m
工作压力	10MPa
流量	1.0MPa时(常压)60L/s
	2.0MPa时(中压)40L/s
吸水深度	≥8m
控制方式	遥控/手动(防误操作)

图4-11 德国(西格那)水罐消防车

德国【西格那】多功能消防车 厂家:德国 车辆型号:TLF60/70-20-2000-30

作战参数:

项目名称	性能参数
爬坡度	>35%°
离去角	≥28°
水炮型号	ZW60/30°(西格那)
爬坡能力	70%°
水泵型号	FP60/10-2H(德国西格那)
流量	≥60L/S(可自动调节流量)
射程	水≥80m泡沫≥70m
流量	1.0MPa时(常压)

西格那玻璃钢水罐	西格那泡沫罐	西格那干粉罐	干粉炮	二氧化碳系统
数量:1个	数量:1个	数量:1个	型号:ZW15-40	气瓶数量:6只
容积:7000L	容积:2000L	容积:2000kg	射程:40kg/40m	容积:50kg/只

采用原装奔驰TGA 33.480 6×4 Bb底盘,6缸24气门直列涡轮增压中冷电控共轨喷射发动机,功率480马力。

图4-12 德国(西格那)多功能消防车

卢森宝亚干粉消防车　　厂家：奥地利卢森宝亚国际有限公司　　车辆型号：PLA6000

山地越野消防车，采用德国MAN TGA18.350底盘，发动机功率350马力/257kW，4×4驱动形式。

设计理念：德国MAN最新升级版TGA18.3504×4，山地通过性能强，ABS刹车防抱死系统。

作战参数：

干粉罐		氮气瓶		干粉炮	
数量：2个		数量：9×2=18只		流量：RM24M≥30kg/s、40kg/s可调整	炮筒长：800mm
容积：3000kg		容积：50L/只			直径：75mm
最高工作压力：1.4MPa		最高工作压力：20MPa		射程：≥45m	回转角度：360° 连续
最低工作压力：0.5MPa		干粉罐充气时间：≤20sm			俯仰角度：+50°~-80°

图4-13　卢森宝亚干粉消防车

芬兰博浪涛高喷消防车　　厂家：盈丰国际有限公司　　车辆型号：F53SE

采用德国MAN TGA 33.350 6×4 BB底盘，ABS刹车防抱死系统，发动机功率，350马力/257kW。

设计理念：具有两个臂，第一臂可以弹性伸缩，4节伸缩节同步进行，每节10.5~10.7m，第二臂长9.5米，可高空进行180°垂直曲臂运动。

最大工作高度	最大工作角度	最大安全载重	最大安全风速	干粉出粉能力
53m	0~82°	400kg	12.5m/s	9kg/s
最大工作外伸	伸缩小臂水平	工作斗尺寸	连续旋转	最大喷水量
20.7m	9.5m	20×1.0×1.1m	360°	6000L/min

图4-14　芬兰博浪涛高喷消防车

涡喷消防车　　厂家：安徽明光浩森消防科技发展公司　　车辆型号：MX5250GXFPM50WP5

涡喷消防车底盘选用北方奔驰ND1250F50J，上装以WP-5型航空涡喷发动机为主动力，利用涡喷发动机产生高速气流作为载体，将灭火剂撞击成雾状的颗粒，以巨大动能，远距离、高强度、大范围地喷出直接灭火。也可为抢险救援队提供灭火、通风、排烟、除尘、隔热、改变风向、分隔火场等抢险救援之用。最大化地满足火场救援，特别适应机场、隧道、地铁、石油气田、化工场所的消防需要。

作战参数：

项目名称	性能参数
涡喷发动机喷射功率	≥6000kw
最大亚音速喷射速度	280m/s~300m/s
涡喷发动机射流速度	≥300m/s
出口风量	68m³/s~74m³/s
	40m处约为98×10⁴m³/h
	80m处约为116×10⁴m³/h
喷射水雾流有效距离	≥80m
出口风速	70m处约为18n/s(相当10级大风)

图4-15　涡喷消防车

图 4 – 16　消防坦克

二、采气集输消防系统

根据 GB 50183—2004《石油天然气工程设计防火规范》站场等级划分，普光气田 16 座集气站均属于五级站场。各站场距应急救援中心位置较远，且均为山区道路，极易发生堵车等状况，正常情况下，由应急救援中心发车到达各集气站，需要 40 ~ 60min 车程。应急喷淋和稀释及污水回收系统建成后，可以确保各集气站场发生硫化氢泄漏时，在应急救援中心人员到达之前，站场值班人员能够及时操作，对硫化氢气体进行稀释，起到初期应急控制的作用。

应急喷水时吸收有 H_2S 的污水容易污染站场周边环境，需采用地面收集系统对污水收集后集中处理。

为防止站内甲醇和缓蚀剂泄漏污染周边环境，站内建有甲醇和缓蚀剂安全应急事故池。

（一）工艺流程（图 4 – 17）

图 4 – 17　集气站应急喷淋系统框图

流程说明：储水池中清水经加压泵加压后打至在集气站内布置的给水管网，当站场内装置 H_2S 气体泄漏或排放尾气时，利用管网上设置的消防炮和消火栓对泄漏区内的 H_2S 进行稀释，为抢险人员提供安全的现场环境。

（二）给水系统

集气站附近没有可以利用的供水管网，利用站场入口已建钢筋混凝土泥浆池的一部分作为作为本次应急处置给水系统的储水池，可通过水罐车运输清水储备于水池中。

（三）排水系统

站场周边设置 500mm 宽砖砌排水沟，沟顶设置混凝土盖板，盖板顶与地面平齐，含硫化氢污水收集排入水沟后经闸槽井有选择的排入污水池，进行集中处理。

（四）事故应急系统

在装置区甲醇及缓蚀剂围堰内设置地漏，将泄漏液体引入事故池，事故池设计有效容积 8m³，事故池后设置阀门井和水封井。

（五）主要建（构）筑物及设备参数

1. 储水池（改造，图 4 – 18）

数量：16 座

结构：钢筋混凝土

容积：800m³

2. 给水泵房（图 4 – 19）

建筑尺寸：8.0m×5.0m

数量：16 栋

图 4 – 18

图 4 – 19

3. 自吸式电动加压水泵（图 4 – 20）

数量：16 台（1 用预留 1 台安装位置）

流量：200～250m³/h

扬程：100～125m

功率：110kW/台

4. 直流/喷雾消防水炮（遥控，图 4 – 21）

数量：32 套

流量：40L/s

喷雾距离：大于等于 30m

水平回转角度：360°

5. 地上式消火栓

型号：SS100/65 – 1.6

数量：16 套

图 4 – 20

6. 污水池(改造,图4-22)

数量:16座

结构:钢筋混凝土

有效容积:400m³

图4-21   图4-22

7. 应急事故池(新建)

数量:16座

结构:钢筋混凝土

有效容积:8m³

(六)配电系统

35kV电力架空线已接至站场附近,电源满足本次新增负荷要求。在泵房附近新建S11-M-250/35/0.4kV、250kV·A变压器1台,露天安装。电源采用YJV32-26/35kV、3×50电缆T接自35kV线杆,杆上设户外跌落式熔断器及避雷器,根据现场情况对原终端杆进行适当调整。

泵房内低压配电柜1台,为新增水泵电机提供电源。新增水泵电机采用软启动,启动柜由泵厂家成套供应。

动力设备在现场和站控室两地控制。

接地型式采用TN-C-S系统,所有金属管道、阀门、支架等及所有电气设备正常情况下不带电的金属外露导电部分均应可靠接地。

(七)应急喷淋系统的操作原理

应急喷淋系统自吸式电动加压水泵(图4-23)分为就地和远传两种方式操作,共有5处操作控制,2个就地操作控制、3个远传操作控制,分别位于配电室、泵房配电箱、站控室及2个逃生门处。具体如下:

(1)打开自吸式加压水泵配电箱、消防炮配电箱等控制开关。

(2)打开单向阀、主管线闸阀,将安全阀工作压力调为1MPa,关闭旁通闸阀。

(3)使用遥控器打开消防炮及电磁阀开关。可使用有线遥控就地打开或者无线遥控远程打开。首先摁下遥控器控制按钮,然后依次摁下启动电磁阀、启动消防炮按钮,消防炮即处于可遥控状态。

(4)启动自吸式加压水泵。可通过配电室内软起柜、泵房内配电箱、站场门口操作柱、站控室内操作柱等启动消防泵。

图4-23 消防喷淋系统自吸式电动加压水泵

三、净化处理消防系统

天然气净化厂占地156.39公顷，由联合装置、公用工程、硫黄成型车间等主体设施组成。由于厂区面积大，消防设施按同一时间内两处火灾设计，一处为装置区，另一处为辅助生产区。消防供水量为700m³/h，供水压力不小于0.7MPa，火灾延续供水时间为3h。全厂配有消防水炮82台、消火栓705具、灭火器2012具、消防竖管90根；火灾自动报警控制器25台、手动报警按钮311套、感烟探测器551套、线型感温探测器33350m。

净化水场内设置2个有效容积共5000m³的清水罐。消防加压系统采用稳高压消防水系统。消防加压水泵有4台，3用1备，每台流量250m³/h，扬程100m。稳压设施采用2台稳压泵，流量54m³/h，扬程70m，1用1备。厂区设有独立的稳高压消防给水系统，系统管道工作表压0.70～1.2MPa。全厂设置环状消防管网，系统管网上设置消火栓，在装置、储运区高大设备附近设有消防水炮。装置内消防水系统按稳高压消防给水系统设置，消防水量为150L/s，该水量主要由装置外环状管网供给，管网上按规范设置地上式消火栓、箱式消火栓、消防水炮和切断阀等。装置内沿道路设置消防水管道，并设置地上式消火栓，管架下及炉区附近设置箱式消火栓，在炉区及高大框架和设备群旁设有水炮。装置内设有蒸汽灭火接头，高于15m的框架平台设有半固定式消防竖管。

第三节 生活水供水工程

一、前指生活水供水工程

前指生活水供水工程由60 m³混凝土蓄水池、恒压变频供水装置组成，供水范围为前指生活区和办公区。整个供水工程采用两种供水模式：一是净化厂至生产管理中心清水管线直供，经恒压变频供水装置二次增压供水；二是净化厂至生产管理中心清水管线来水进入蓄水池，再经恒压变频供水装置增压供水。第二种供水方式主要应用与净化厂生产管理中心清水管线来水压力较低，来水水量无法保证前指用量需求，或者在净化厂生产管理中心清水管线抢修停水时，作为应急供水模式使用。

前指生活水供水工程主要设备设施有以下三类。

（1）蓄水设施：60m³混凝土蓄水池1座。

（2）恒压供水装置：XB01 - 7.5 - 3。

（3）管道离心泵：

数量 2 台；

型号 LSG65 - 200；

额定流量 25m³/h；

额定扬程 50m；

额定电压 380V；

配套电机功率 7.5kW。

二、生产管理中心生活水供水工程

生产管理中心生活水供水系工程投产于 2009 年 5 月，增压泵房采用变频恒压供水装置。供水范围为生产管理中心和应急救援中心生活区和办公区。采用净化厂至生产管理中心清水管线（管材 PE DN160）直供，经恒压变频供水装置二次增压供水模式。

生产管理中心生活供水工程主要设备设施有以下三类。

（1）蓄水设施：60m³ 混凝土蓄水池 1 座。

（2）恒压供水装置：ABB ACS510。

（3）管道离心泵：

数量 2 台；

型号 KQL80 - 150；

额定流量 46m³/h；

额定扬程 28m；

额定电压 380V；

配套电机功率 7.5kW。

三、达州基地生活水供水工程

中石化达州基地生活水供水工程 1#公寓楼清水泵房投产于 2010 年 3 月，4#公寓楼清水泵房投产于 2013 年 3 月。基地供水由 2 种模式组成，一是办公楼、会议楼、餐饮楼和公寓楼 1~3 层利用市政管网压力直供，二是公寓楼 4 - 11 层采用 1#公寓楼和 2#公寓楼清水泵房二次增压供水。

达州基地生活供水工程主要设备设施包含 1#公寓和 4#公寓清水泵房的设备设施。

1. 1#公寓楼清水泵房设备设施

（1）蓄水设施：60m³ 不锈钢蓄水池 1 座。

（2）恒压供水装置：LBP - 3GM。

（3）管道离心泵：

数量 3 台；

型号 SLS65 - 250；

额定流量 61m³/h；

额定扬程 62m；

额定电压 380V；

配套电机功率 30kW。

2. 4#公寓楼清水泵站供水设备设施

（1）蓄水设施：40m³ 不锈钢蓄水池 1 座。

（2）恒压供水装置：NBGD3 - 3260。

（3）管道离心泵：

数量 3 台；

型号 KQDQ65 - 32 - 5；

额定流量 32m³/h；

额定扬程 61m；

额定电压 380V；

配套电机功率 11kW。

四、毛坝生活点生活水供水工程

毛坝生活点生活水供水工程投产于 2012 年 3 月，负责毛坝生活点办公、生活用水。工程由 4 口水源井、清水增压泵房组成。供水模式为水源井来水进入蓄水池，再经恒压变频供水装置增压供水。

毛坝生活点供水工程主要设备设施如下：

（1）水源井设备设施。

（2）水源井：

井深 80m。

井径 125mm。

（3）井用潜水泵：

型号 新界泵业 QJY4/42 - 4；

额定扬程 160m；

额定流量 4m³/h；

额定电压 380V；

额定功率 4kW；

扬程使用范围 104～242m。

（4）蓄水设施：30m³ 不锈钢蓄水池 1 座。

（5）恒压供水装置：THK - B - 7.5 - 2TY。

（6）管道离心泵：

数量 3 台；

型号 BOGDL54 - 14；

额定流量 54 m³/h；

额定扬程 42m；

额定电压 380V；

配套电机功率 5.5kW。

第五章 污水处理系统

第一节 赵家坝水处理系统

赵家坝污水站于 2009 年 9 月建成中交，2009 年 11 月 9 日污水站进污水，2009 年 11 月 28 日污水站正式投入生产运行。其全景图见图 5 – 1。

图 5 – 1 赵家坝污水处理站全景

污水处理采用全密闭流程，污水处理采用预处理、沉降、过滤三段式污水处理流程，即气浮、沉淀预处理，一级沉降，两级过滤流程。气田污水计量后进入污水预处理系统，对来水投加除硫剂、pH 调节剂、凝聚剂、絮凝剂进行预处理。然后进入密闭处理系统，污水再次计量后投加除硫剂、凝聚剂、絮凝剂后进入压力沉降罐，经絮凝沉降后降低污水中油及悬浮物含量，污水进入过滤撬块，进一步去除污水中悬浮物，达标后低压外输至回注井回注地层。

一、工艺流程

赵家坝污水站工艺流程见图 5 –2。

1. 排污主流程

来水→压力两相污水接收罐→污水提升泵→压力沉降罐→双滤料过滤器→纤维束精细过滤器→压力两相污水缓冲罐

2. 辅助流程

（1）过滤器反洗流程

压力两相污水缓冲罐→反冲洗泵→过滤器→压力两相污水回收罐

（2）污水回收流程

排污排水→污水池→污水螺杆泵→压力两相污水回收罐→注水系统

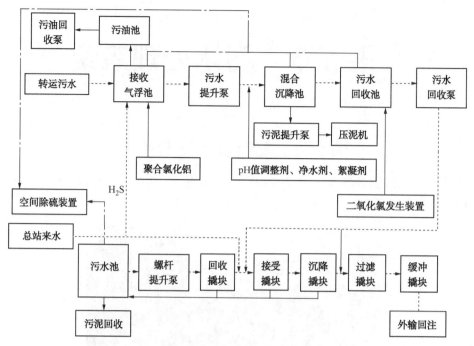

图 5-2 污水站工艺流程

放空排水、取样排水→污水池→污水螺杆泵→压力两相污水回收罐→注水系统

（3）污泥处理流程

污水池→污泥螺杆泵→污泥脱水机→装车外运

（4）加药流程

药剂→稀释（溶解）搅拌→加药计量泵→各加药点

二、工艺控制内容（表5-1）

表5-1　工艺控制内容

撬块名称	液位监测控制		压力监测控制	时间监测控制	其他监测控制	注意事项	备注
污水回收罐	高高液位（≥90%）	关闭进水总阀	低于0.2MPa自动补气	定时排泥：12h排2min	1. 污水接收罐进水阀关闭时，自动联锁关闭污水回收泵。2. 液位90%联锁断关进水阀后，当液位下降到80%后又自动打开	1. 回收罐进水阀自动关闭时，注意停污泥提升泵停止进水。2. 过滤撬块反洗时，注意观察和保持回收罐液位低于90%	1. 所有污水撬块的气动蝶阀远程操作均可在污水撬块PLC上操作。2. 回收泵、提升泵需要和液位联锁时，必须在污水撬块配电柜上设为自动，并且在污水撬块PLC上设置相应撬块为自动
	高液位（≥75%）	自动开启污水回收泵	高于0.3MPa自动排气				
	液位（≥60%）且停留时间大于3h	自动开启污水回收泵	补气管线压力：高报0.35MPa，低报0.15MPa				
	低液位（≤50%）	自动停止污水回收泵					
	低低液位（≤40%）	关闭所有排污阀门					

续表

撬块名称	液位监测控制		压力监测控制	时间监测控制	其他监测控制	注意事项	备注
污水接收罐	高高液位（≥90%）	关闭进水总阀	低于0.2MPa自动补气	定时排泥：12h排2min	1. 污水缓冲罐进水阀关闭时，自动联锁关闭污水提升泵。2. 液位90%联锁关断进水阀后，当液位下降到80%后又自动打开	1. 液位≥51.5%时，液位调节阀自动缓慢打开。2. 如果手动启泵时，注意将液位调节阀旁通打开，防止憋压	1. 所有污水撬块的气动蝶阀远程操作均可在污水撬块PLC上操作。2. 回收泵、提升泵需要和液位联锁时，必须在污水撬块配电柜上设为自动，并且在污水撬块PLC上设置相应撬块为自动
	高液位（≥75%）	自动开启污水提升泵	高于0.3MPa自动排气				
	液位（≥60%）且停留时间大于3h	自动开启污水提升泵	补气管线压力：高报0.35MPa，低报0.15MPa				
	低液位（≤50%）	自动停止污水提升泵					
	低低液位（≤40%）	关闭所有排污阀门					
污水沉降罐				定时排泥：12h排2min		当排泥过脏时，手动启动冲泥泵冲泥	
污水缓冲罐	极高液位（≥95%）	关闭进水总阀	低于0.2MPa自动补气	定时排泥：12h排2min	1. 液位低于30%联锁关断所有出水阀，当液位升到50%后又自动打开。2. 液位95%联锁关断进水阀后，当液位下降到80%后又自动打开	1. 过滤撬块反洗时，注意观察和保持缓冲罐液位高于50%。2. 缓冲罐排污需要手动排污，排污时，注意观察污水池液位不能高于84%	
	高高液位（≥90%）	人工启动备用泵	高于0.3MPa自动排气				
	高液位（≥75%）	变频增加注水泵转速	补气管线压力：高报0.35MPa，低报0.15MPa				
	低液位（≤50%）	变频降低注水泵转速					
	低低液位（≤40%）	依次停运外输泵					
	极低液位（≤30%）	关闭全部出水阀					
过滤撬块			压差反洗：双滤料压差0.1MPa，纤维束压差0.15MPa	定时反洗：双滤料单罐反洗33min/次，两次；纤维束单罐反洗33min		反洗时注意观察回收罐和缓冲罐液位	
加药撬块	高液位≥95cm	声光报警提示停止加药		搅拌泵：自动运行5min，停止15min	1. 复合碱剂、缓蚀阻垢剂、杀菌剂三种药剂的计量泵排量与接收罐进口流量成比例。2. 混凝剂、絮凝剂两种药剂的计量泵排量与接收罐出口流量成比例		加药计量泵的操作可以在加药PLC触摸屏上进行
	低液位≤30cm	声光报警提示给加药桶加药					
	低低液位≤5cm	声光报警并联锁停计量泵					

撬块名称	液位监测控制		压力监测控制	时间监测控制	其他监测控制	注意事项	备注
二氧化氯撬块	盐酸低液位报警(200mm)	联锁停机	稀释水进水压力低于0.3MPa时,联锁停机		1. 漏氯报警1ppm联锁停机。 2. 余氯报警上限1ppm停机,下限0.7ppm开机。 3. 温度低于70℃时,自动加热器	启动发生装置需要先手动启动液下泵	两套装置一用一备
	氯酸钠低液位报警(200mm)	联锁停机					
	水浴箱低液位报警(500mm)	联锁停机					
污水池	高液位报警(≥84%)	报警提示手动启污泥提升泵				用污泥提升泵给回收罐打水前,要确认回收罐污水池来水管线气动蝶阀打开	
	低液位报警(≤24%)	报警提示手动停污泥提升泵					
空间除硫装置				预设自动运行30min,停60min	预设 H_2S 报警上限10ppm,排放标定值6ppm,如果排放报警则缩短启动和停止时间	1. 风机启动时,要打开污水池换气窗。 2. pH 在线监测一般放于生物营养液中,不可长期放于中和清洗液中	风机是一用一备
密闭气分离器			分离器进口压力高于0.9MPa报警			调压后压力0.6~0.8MPa	自力式调压阀一用一备
可燃气体探测器					报警: 上限50%, 下限25%		12个
有毒气体探测器					报警: 上限20ppm, 下限10ppm		17个
火气联锁控制					1. 任意手动报警按钮(3个)和火焰探测器(2个)报警联锁三个声报警器和三个状态指示灯(红色)		
					2. 任意有毒气体探测器高高报警联锁站场状态指示灯(黄色)		
					3. 回收罐(缓冲罐或接受罐)区 H_2S 探测器2个同时高高报警、过滤撬块和沉降撬块区 H_2S 探测器≥2个高高报警,联锁所有声报警器和状态指示灯(黄色)		

三、赵家坝污水站巡检路线

赵家坝污水站巡检路线见图5-3。

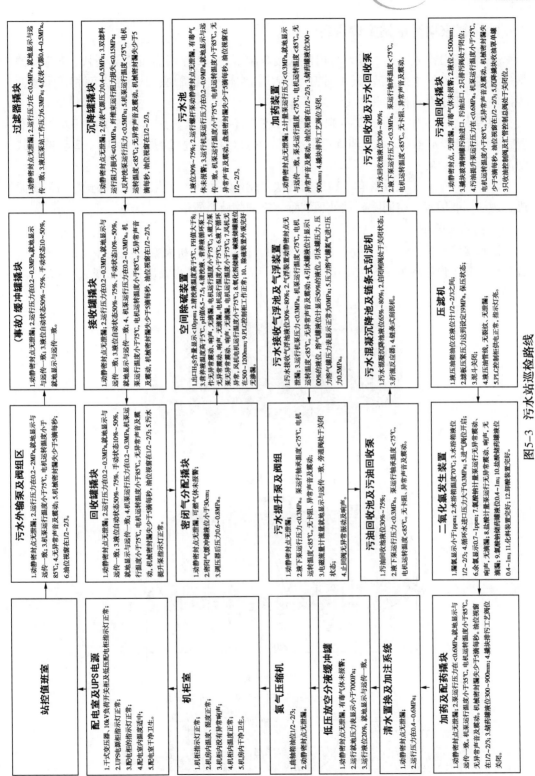

图5-3　污水站巡检路线

四、赵家坝污水站主要设备

密闭系统工艺有：2座压力两相污水接收罐撬块、2座压力沉降罐撬块、2座双滤料过滤器、2座纤维束过滤器、2座压力两相污水回收罐撬块、2座压力两相污水缓冲罐撬块、2座压力两相污水事故缓冲罐撬块。

1#污水池及其配套设备2台螺杆提升泵；2#污水池及其配套设备1座污水气浮装置、2套折流反应器、2套加药管道混合器、1套加药装置(2#加药撬块)、2套链板式刮泥机、9台机泵。

污水处理配套工艺设备有：1#加药撬块、化药装置、二氧化氯发生装置、污泥压滤机、污油回收装置、空间除硫预处理装置、空间除硫装置。

1. 污水接收罐

污水接收罐(图5-4)主要作用接收缓冲、初步沉降(机械杂质去除率>30%)、气液分离，其工作原理见图5-5，进出水示意见图5-6。接收罐设备参数见表5-2。

图5-4　污水接收罐

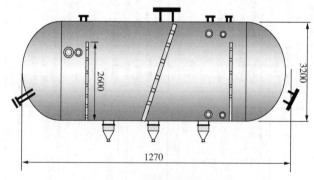

图5-5　污水接收罐原理图

图5-6　污水接收罐进出水示意图

表5-2 压力接收罐设备参数

设备名称	压力接收罐(卧式)	
设计参数	设计压力 0.7MPa；设计温度 80 ℃	
工作介质	涉硫污水	
外形尺寸	$\phi3200mm \times 12716mm$	
处理量	$30 \sim 60m^3/h$	
主要材料	筒体	20R
	接管	20#
腐蚀余量	3mm	
执行规范	GB 150—2011、HG 20592 ~ 20635—2009 等	

2. 污水缓冲罐

污水缓冲罐(图5-7)主要功能：接收、储存净化水(滤罐来水)，反洗清水罐。进出水示意见图5-8，设备参数见表5-3。

图5-7 污水缓冲罐

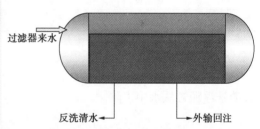

图5-8 污水回收罐进出水示意图

表5-3 污水缓冲罐设备参数表

设备名称	压力缓冲罐(卧式)	
设计参数	设计压力 0.7 MPa；设计温度 80 ℃	
工作介质	涉硫污水	
外形尺寸	$\phi3200mm \times 12716mm$	
处理量	$33m^3/h$	
主要材料	筒体	20R
	接管	20#
腐蚀余量	3mm	
执行规范	GB 150—2011、HG 20592 ~ 20635—2009 等	

3. 污水回收罐

污水回收罐(图5-9)主要功能：反洗水的缓冲、反洗水的气水分离、反洗水初步沉降，排污池污水二次沉降。进出水示意见图5-10。设备参数见表5-4。

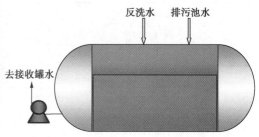

图 5-9 污水回收罐   图 5-10 污水回收罐进出水示意图

表 5-4 压力回收罐设备参数表

设备名称	压力回收罐(卧式)	
设计参数	设计压力 0.7 MPa;设计温度 80 ℃	
工作介质	涉硫污水	
外形尺寸	ϕ3200mm × 12716mm	
处理量	15m³/h	
主要材料	筒体	20R
	接管	20#
腐蚀余量	3mm	
执行规范	GB 150—2011、HG 20592~20635—2009 等	

4. 污水沉降罐

污水沉降罐(图 5-11)主要功能:固液分离——除机械杂质、利用重力沉降将密度大的悬浮颗粒从水中去除。

图 5-11 污水沉降罐

沉降罐四个功能区(反应区、布水区、沉降区、收水区)的设计特点如下:

(1) 反应区

污水经与投加的水质净化剂均匀混合后进入反应区内的低脉动微涡旋反应器,该反应器能保证足够的反应时间使污水与水质净化剂充分反应,并能控制有效的反应速度梯度,保证反应过程的充分与完善,使机械杂质由小颗粒形成稳定的大颗粒絮团,随水流进入配水区。

（2）布水区

使采出水均匀进入沉降区，避免增加后续处理区的冲击负荷。

（3）沉降区

设置同向流改性乙丙共聚蜂窝斜管，缩短了油滴上浮、机杂下沉的距离，促进絮粒的逐步增大和油滴上浮的速度，提高产品的处理效率，达到水、悬浮物分离的目的。

（4）收水区

主要功能是使水流平稳，达到同程同阻的目的，避免水流造成短路和死角。

沉降罐的工作原理见图 5 - 12。设备参数见表 5 - 5。

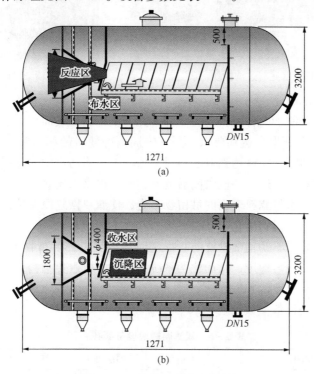

图 5 - 12   污水沉降罐工作原理

表 5 - 5   压力沉降罐设备参数表

设备名称	压力沉降罐(卧式)	
设计参数	设计压力 1.2MPa；设计温度 80 ℃	
工作介质	涉硫污水	
外形尺寸	$\phi3200mm \times 12716mm$	
处理量	55m³/h	
主要材料	筒体	16MnR
	接管	20#
腐蚀余量	3mm	
执行规范	GB 150—2011、HG 20592～20635—2009	

5. 过滤撬块(图5-13、图5-14)

图5-13　双滤料过滤撬块　　　　　　图5-14　精细过滤器结构示意图

（1）双滤料过滤罐

采用石英砂和金刚砂两种滤料合理级配，充分发挥其比表面积大的特点，对水中的SS进行聚集拦截，保证出水达到要求。另一方面两种滤料的相对密度相差大，分层彻底，滤料功能划分清楚，完全达到双滤料过滤器功效。将污水中的悬浮物拦截在滤料层表面或吸附在滤料表面，运行一段时间后滤料饱和，出水水质恶化时，停止过滤进水对滤料进行反洗，反洗水将滤料表面的截留物带走，使滤料恢复原有特性，最终实现悬浮物和水的分离，使水质得到净化。

上部配水装置采用不锈钢筛管，防止反洗时滤料流失，下布收水采用不锈钢筛板，既考虑进水和出水的均匀稳定，又简化两系统的结构，以避免结构复杂所造成内防腐存在死区现象，同时易于安装和拆卸。

双滤料过滤撬块设备参数见表5-6。

表5-6　双滤料撬块设备参数表

规格尺寸	$\phi2000 \times 4122$	反冲洗泵	流量	$173m^3/h$	反洗强度	$10 \sim 16L/s \cdot m^2$
正常滤速	8.6m/h		扬程	38m	反洗气源压力	0.3MPa
强制滤速	17.2m/h		功率	30kW	反洗气源气量	$1.9m^3/min$
滤层阻力损失	≤0.1MPa	滤料	石英砂 1.2~1.6mm	高度600mm	双滤料补气气源压力	0.35MPa
反洗压差设定值	0.10MPa		金刚砂 0.8~1.2mm	高度400mm	双滤料补气气源气量	$0.7m^3/min$
纤维束过滤罐直径	$\phi1624mm \times 4122mm$	反冲洗泵	流量	$86.6m^3/h$	滤层阻力损失	≤0.15MPa
强制滤速	26.9m/h		扬程	38m	滤层压紧高度	1.4~0.6m
正常滤速	13.4m/h		功率	15kW	反洗压差	0.15MPa

（2）纤维束过滤罐

纤维束过滤器运用污水中悬浮物与滤料碰撞接触时被吸附于滤料表面或滤料表面的凝聚物上，再将悬浮固体和油珠拦截在滤料经压实而形成的滤床上，达到固液分离的过滤目的。

　　纤维束选用优质腈纶、丙纶、涤纶丝为原料，由于它运用自身表面所沾附的大量生物团，与污水反复接触，使不易沉淀去除的微小悬浮物的截留及有机物降解而达到净化的目的。

　　设备滤层密实度可调，过滤精度高。过滤器本体结构容器顶部设置一个液压推杆连接托盘，活动托盘下部均匀结扎纤维束，悬挂的纤维束与下部固定盘均匀连接，活动托盘通过不锈钢导杆导向，按水质变化及水质要求通过液压机构调整滤料的密实度，以保证出水水质。

　　过滤开始即转入压实状态，无初滤水，水质稳定。悬挂挤压纤维通过液压机构主动压实，压实力10t，压实一步到位，适应不同水质工矿要求，保证过滤精度。

　　独特的反洗系统：反洗时液压系统工作，液压推杆的上下动作不断来回拉伸挤压纤维束，辅以水冲洗，保证滤料反洗彻底、耗水少、效益高。

　　（3）双滤料反冲洗

　　手动反洗：

　　① 将 PLC 控制柜上的"手动/自动"转换开关打到"手动"挡。

　　② 关闭一台双滤料过滤罐生产进、出口阀门。

　　③ 打开排水阀门，打开补气阀门，排水 6min 之后关闭补气阀门，关闭排水阀门。

　　④ 打开反洗进气阀和排气阀，6min 后关闭反洗进气阀，7min 后关闭排气阀。

　　⑤ 打开反冲洗进、出水阀门，按照离心泵操作规程启动双滤料反冲洗泵。

　　⑥ 启动反洗清洗剂搅拌机，打开加药出口管线阀门，启动反洗清洗剂加药泵。

　　⑦ 7min 后，停运反洗清洗剂加药泵、反洗清洗剂搅拌机、双滤料反冲洗泵，关闭泵进出口阀门。

　　⑧ 关闭反冲洗出、进水阀门。

　　自动反洗：

　　① 将 PLC 控制柜上的"手动/自动"转换开关打到"自动"挡。

　　② 启动反洗清洗剂搅拌机，打开加药出口管线阀门，启动反洗清洗剂加药泵。

　　③ 7min 后停运搅拌机、加药泵，关闭加药出口管线阀门。

6. 加药撬块

图 5-15 为其外观图，图 5-16 为其自控示意图，表 5-7 为其隔膜计量泵参数表。

图 5-15　加药撬块

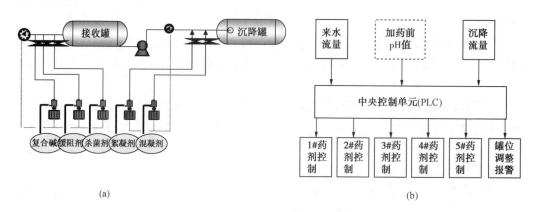

(a)   (b)

图 5 – 16　加药撬块自控示意图

表 5 – 7　隔膜计量泵主要参数

加药撬块工艺参数卡					
级别		厂级		编号	WS01
齿轮泵	流量	2.3 m³/h	溶药桶	外型尺寸	$\phi800\text{mm} \times 1200\text{mm}$
	排出压力	0.4MPa		极限低液位	0.3m
	允许吸程/m	3m		工作液位	0.4～1.0m
	功率/kW	2.2kW			
计量泵	排量	0～32L/h	安全阀	起跳压力	1.15MPa
	压力	1MPa	搅拌机	转速	1400r/min
	功率	0.37kW		功率	0.75kW

注意事项：

（1）储罐配药

① 在预稀释药桶中配好高浓度药液。

② 启动加药泵、将浓药液打入相对应的储罐（输入不同药液时，应用清水对泵进行清洗）。

③ 向储罐中注入稀释清水。

④ 将系统运行方式转入"手动"，启动搅拌机5min。

（2）加药系统启动

① 打开储药罐根部出口阀、计量泵的进、出口阀。

② 手动运行时，将"手动/停止/自动"转换开关旋至手动挡位，手动启动计量泵，在触摸屏上点击相应的加药装置，按下"伺服电机手动给定"，计量泵将在一定的冲程下手动运行（停计量泵时，应将"伺服电机手动给定"复位）。

③ 自动运行时，将"手动/停止/自动"转换开关旋至自动挡位，在触摸屏上按下泵启动，启动相应的计量泵。计量泵自动根据来水流量调节加药量。

7. 污泥脱水

污泥脱水撬块外观见图5–17，工作示意见图5–18。主要技术参数见表5–8。

图 5 - 17 污泥脱水撬块

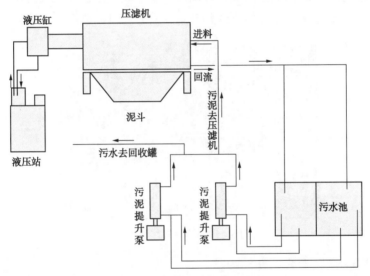

图 5 - 18 污泥脱水工作示意图

表 5 - 8 污泥脱水机主要技术参数

级 别	厂 级	编 号	WS03
机架整体外型尺寸	6970 × 1930 × 1620	滤板规格	1000mm × 1000mm × 60mm
工作压力	≤1.0MPa	洗涤通径	ϕ40mm
最高液压工作压力	25MPa	液压站电机功率	4.0kW
液压缸保压压力	15 ~ 20MPa	滤饼最大产生量	9.84 m³
最大过滤工作温度	80℃	进料方式	中间进料
工作温度	45℃	排液方式	明流排液
滤室容积	1.23m³	拉板方式	自动拉取板
滤室数量	51	液压压紧	自动保压
配板数量	50 块	滤布材质	P750AB，丙纶
滤饼厚度	30mm	滤板材质	增强聚丙烯
取、拉板工作压力	4 ~ 7MPa	油缸公称直径/mm	320

8. 污泥压滤

压滤机由交替排列的滤板和滤框构成一组滤室。滤板的表面有沟槽,其凸出部位用以支撑滤布。滤框和滤板的边角上有通孔,组装后构成完整的通道,能通入悬浮液、洗涤水和引出滤液。板、框两侧各有把手支托在横梁上,由压紧装置压紧板、框。板、框之间的滤布起密封垫片的作用。由供料泵将悬浮液压入滤室,在滤布上形成滤渣,直至充满滤室。滤液穿过滤布并沿滤板沟槽流至板框边角通道,集中排出。随后打开压滤机卸除滤渣,重新压紧板、框,开始下一工作循环。

9. 溶气气浮装置

溶气气浮装置(图5-19)主要功能:对接收气浮池进行溶气气浮处理,有效降低来液中 H_2S 和油的含量。

原水进入气浮池的接触区,与释放后的溶气水充分混合接触。使水中絮体或悬浮物充分吸收粘附微小气泡,然后进入气浮分离区。絮体或悬浮物在微气泡浮力的作用下浮向水面形成浮渣层,水面上的浮渣聚集到一定厚度后,自溢流进污油池。

图5-19 溶气气浮装置

溶气气浮装置工艺参数见表5-9。

表5-9 溶气气浮装置工艺参数

气浮装置工艺参数卡				
级别	厂级	编号		WS13
设计压力	≤0.6MPa	安全阀	压力等级	0.3~0.7MPa
工作压力	≤0.3MPa		设定压力	0.45MPa
设计温度	85℃	溶气罐	容积	117L
工作温度	40℃		耐压压力	0.75MPa
主要材质	316L		功率	2.2kW
处理量	35m³/h		电压	380V
离心泵排量	8m³/h	气浮电机	电流	4.85A
扬程	5.4m		转速	2840r/min
功率	2.2kW		型号	YB2-90L-2 V1

第二节　大湾 403 水处理系统

大湾污水处理系统包括污水处理系统和污水回注系统，大湾区块生产污水到大湾 403 集气站的分水分离器集中分离后，进入大湾 403 集气站污水处理区进行污水处理；气田酸液通过罐车拉运至大湾集气站残酸处理系统预处理后进入污水处理系统，处理后的污水管输至毛开 1 井回注站通过增压泵回注地层。投用时间见表 5 – 10。

表 5 – 10　大湾 403 污水处理与回注系统投用时间

序号	站场	给排水系统投用时间
1	大湾 403 污水处理流程	2012 年 4 月 30 日
2	大湾 403 残酸处理流程	2012 年 6 月 24 日
3	毛开 1 井回注站	2012 年 1 月 18 日

大湾污水处理系统分为管道来水的污水处理部分和车辆拉运酸液的残酸预处理部分。根据工艺资料，稳定生产时，大湾集输系统的生产污水约 90 ~ 120m³/d；考虑一定的余地，确定污水处理规模为：150m³/d。污水处理达标后回注地层。

针对大湾区块的污水水质特点，参照《碎屑岩油藏注水水质推荐指标》中的回注水 A3 标准，并参考油气田采出水处理的成功经验，选择成熟、可靠的工艺技术，并选出与之相适应的药剂，确保污水水质达标回注标准。图 5 – 20 为大湾 403 污水处理站主工艺流程图，图 5 – 21 为其外观图。

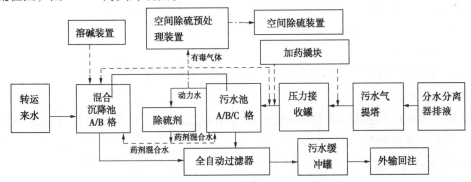

图 5 – 20　大湾 403 污水站主工艺流程图

说明：——绿色代表污水；- -黄色代表有毒气体；- - -蓝色代表药剂。

图 5 – 21　大湾 403 水处理站

一、污水处理工艺

1. 工艺流程

主工艺流程：

来水→污水气提塔→压力两相污水接收罐→污水池→污水提升泵→双滤料过滤器→精细过滤器→缓冲罐→外输泵→外输管线

辅助流程：

（1）过滤器反洗流程

缓冲罐→反冲洗泵→过滤器→污水池

（2）污水、污泥流程

构筑物排泥、反洗排水→污水池→沉积污泥定期装车外运

构筑物放空排水、取样排水→污水池

（3）加药流程

来水 →→→接收罐→→→污水池

（复合碱、缓蚀剂）（混凝剂、絮凝剂）

污水池→提升泵→水射器→残酸池（除硫剂）

（4）废气处理流程

污水池→空间除硫装置→排空

（5）污油处理流程

污水池→污油收集池→污油装车泵→装车鹤管→转车外运

2. 残酸处理流程

来水→残酸池（混凝沉降池）→污水提升泵→双滤料过滤器→精细过滤器→缓冲罐→外输泵→外输管线

3. 污水处理水质

（1）来水水质

污水站来水主要是集气站的采出水，水质情况如表5-11所示。

表5-11 水质情况一览表

组分	含量/(mg/L)	组分	含量/(mg/L)
K^+、Na^+	792	Cl^-	66412
Ca^{2+}	43021	SO_4^{2-}	821
Ba^{2+}	0	HCO_3^-	30052
Mg^{2+}	362	矿化度	11.44×10^4
I	0	水型	$MgCl_2$
H_2S	20.5	pH	5.0~6.0
CO_3^{2-}	6.85		

（2）处理后水质

污水处理系统出水应达到的水质指标如表5－12所示。

表5－12 污水处理系统出水水质指标

项 目	处理后水质指标	项 目	处理后水质指标
悬浮物含量/(mg/L)	≤2	硫化物/(mg/L)	≤10
悬浮物粒径中值/μm	≤2.0	腐蚀率/(mm/a)	≤0.076
含油/(mg/L)	≤10	溶解氧含量/(mg/L)	≤0.1
Fe^{3+}/(mg/L)	≤10	pH	7±0.5

二、主要设备设施

1. 污水气提塔

参数见表5－13。

表5－13 污水气提塔

设计参数		设计压力1MPa；设计温度60℃
工作介质		气田生产酸性污水（高矿化度）
外形尺寸		DN800mm×12000mm×12mm
处理量		3.7Nm³/h
主要材料	筒体	Q245R
	接管	20#
容积		6.65m³
处理后污水 H_2S 含量		小于250mg/L
塔顶气体分离精度		小于5um
气体携液量		小于10mg/m³（工况）

2. 压力两相污水接收罐撬块

参数见表5－14。

表5－14 压力两相污水接收罐撬块

设计参数		设计压力0.6MPa；设计温度60℃
工作介质		污水、天然气
外形尺寸		φ3000mm（内径）×11000mm（筒体）×12mm（厚度）×802mm（封头曲面深度）
主要材料	筒体	Q245R
	接管	20#
容积		80.54m³
进口水质		悬浮物含量≤200mg/L
出口水质		悬浮物含量≤140mg/L

3. 污水池及其机泵

数量：1座（分3格）

尺寸：12.9×12.3m×3.5m（其中1格为12m×4m×3.5m）

进口水质要求：悬浮物含量≤300mg/L

出口水质：悬浮物含量≤20mg/L

池内设污水提升泵：3台

型号：CS20602I – 15/100 $N = 7.5kW$ $Q = 15m^3/h$

污水回流泵：3台

型号：CS20602I – 7.5/120 $N = 7.5kW$ $Q = 7.5m^3/h$

污油装车泵：1台

型号：CS203LI – 2/10 $N = 1.1kW$ $Q = 2m^3/h$

高液位：75%   低液位：40%

泵出口安全阀起跳压力：0.44MPa

4. 全自动过滤器撬块

参数见表5–15。

表5–15　全自动过滤器撬块

设计参数	设计压力0.8MPa；设计温度60℃	
外形尺寸	单台直径1.6m	
主要材料	筒体	Q245R
	接管	20#
单台容积	52m³	
单台处理量	15 m³/h	
正常滤速	7.5 m³/h	
单台过滤器处理量	15 m³/h	
反冲洗流量	61m³/h	
装机功率	38.5kW	
反冲洗时间	20min	
单台反冲洗量	10.6m³	
进口水质	悬浮物含量≤15mg/L	
出口水质	悬浮物含量≤2.0mg/L	
粒径中值	≤2μm	

第三节　采气集输污水处理站操作要点

一、氮气压缩机充气操作

1. 准备

（1）消气防器具：便携式硫化氢检测仪2只（500ppm），正压式空气呼吸器2套。

（2）工用具：200mm 活动扳手 1 把，400mm 防爆 F 扳手 1 把。

2. 检查

（1）检查各部连接螺栓紧固状况。

（2）检查曲轴箱油标尺油位应在 1/2～2/3 位置。

（3）检查翘片式冷却器外观整洁、无脏物堵塞。

（4）送上电源，检查氮气压缩机控制柜工作显示状态正常。

（5）检查压缩机氮气进口压力在 0.4MPa 以上。

（6）检查压缩机进出口阀处于关闭状态。

（7）检查压缩机回流阀门处于关闭状态。

（8）检查氮气缓冲罐排污阀处于关闭状态。

（9）盘车 3～5 圈，确定无卡碰、摩阻，皮带松紧适度。

3. 操作

（1）连接氮气软管，打开罐车氮气罐进气阀。

（2）打开氮气压缩机排气放空阀。

（3）启动氮气压缩机控制柜总电源，控制电源，将（手动/自动）转换旋钮打到手动位置。

（4）按下冷却器风机启动按钮，观察风机正常运转后；按下压缩机启动按钮，观察曲柄箱润滑油压在 10s 内稳定在 0.15～0.38MPa 内。

（5）缓慢打开氮气压缩机进气阀，将压力控制在 0.1～0.2MPa，关闭氮气压缩机放空阀，观察排气压力升至 1.0MPa 以上时，打开氮气压缩机排气阀。

（6）观察氮气罐压力升至 2.5～2.8MPa 时，关闭氮气压缩机进气阀、氮气压缩机排气阀，打开氮气压缩机放空阀。

（7）听到排气口无气流声时，按下主机停止按钮，关闭氮气压缩机放空阀。2min 后按下风机停止按钮。

（8）切断氮气压缩机控制电源和主电源，关闭装车口阀门，拆除软管。

（9）依次打开三个缓冲罐的排污阀，排净液体后关闭。

4. 注意事项

（1）曲柄箱润滑油压 10s 稳定在 0.15～0.38MPa，否则应立即停机。

（2）一级、二级冷却器进口温度在 115℃，出口温度低于 45℃。

（3）压缩机工作环境温度在 40℃ 以下。

（4）油滤网应 10h 清洁一次。

（5）运行中要注意观察压缩机的声音、振动有无异常，否则应立即停机。

（6）紧急停车后应对进气缓冲罐、级间缓冲罐、排气缓冲罐进行排污，将机内的气体排掉。

二、低压放空分液缓冲罐投运操作

1. 准备

（1）消气防器具：便携式硫化氢检测仪 2 只（500ppm）；正压式空气呼吸器 2 套。

（2）工用具：强排风扇1台；300mm防爆活动扳手2把；55#防爆梅花扳手2把；450mm防爆F扳手1把。

2. 检查

（1）低压放空分液缓冲罐进口控制阀（包括气动蝶阀、手动蝶阀）、出口控制阀、排污阀、安全阀根部控制阀和手动放空阀处于关闭状态。

（2）低压放空分液缓冲罐动静密封点无泄漏，有毒气体未报警。

（3）低压放空分液缓冲罐液位正常保持在20%，就地显示与远传一致。

（4）低压放空阀组进净化厂总控制阀处于完全开启状态。

（5）低压放空阀组"8"字盲板处于开启位。

（6）低压放空阀组"8"字盲板下游旁通阀处于关闭状态。

3. 操作

（1）关闭密闭气撬块进口总控制阀。

（2）关闭两相压力回收撬块、两相压力接收撬块、过滤撬块、缓冲撬块、事故缓冲撬块B罐、密闭气撬块与低压放空汇管相连的排气控制阀门、安全阀根部控制阀门。

（3）打开两相压力回收撬块、两相压力接收撬块、缓冲撬块、事故缓冲撬块B罐进口调压阀旁通阀，确保污水站两相压力回收撬块、两相压力接收撬块、缓冲撬块、事故缓冲撬块处于同一压力系统。

（4）调节两相压力回收撬块手动放空阀，污水站系统压力控制在0.15MPa，确保污水站系统压力平稳运行，污水处理运行正常。

（5）利用氮气对低压放空系统进行吹扫，吹扫尾气进入净化厂低压放空，吹扫时间30min。

（6）关闭低压放空阀组进净化厂总控制阀。

（7）从低压放空汇管的排液口向分液缓冲罐内充蒸汽，装车鹤管区的回气管线有蒸汽溢出为置换合格。

（8）将低压放空阀组"8"字盲板调换成关闭位。

（9）打开低压放空阀组"8"字盲板下游旁通阀。

（10）打开低压放空阀组进净化厂总控制阀。

（11）恢复两相压力回收撬块、两相压力接收撬块、过滤撬块、缓冲撬块、事故缓冲撬块B罐、密闭气撬块密闭工作状态。

（12）检查污水站密闭气系统状态压力平稳，操作结束。

4. 注意事项

（1）操作时必须穿戴防护器具，且有人监护。

（2）更换低压放空阀组"8"字盲板时应开启强排风扇。

（3）氮气吹扫低压放空汇管，低压放空汇管的排液口检测硫化氢浓度低于10ppm为合格。

（4）更换"8"字盲板前应对低压放空汇管充分蒸汽置换。

（5）低压放空分液缓冲罐运行就地压力显示小于7000Pa。

（6）当低压放空分液缓冲罐液位快速升高时，应立即检查过滤撬块排气气动阀阀位是否处于关闭状态，否则紧急关闭过滤撬块排气进低压放空系统平板闸阀，故障排除后恢复正常生产流程。

（7）当低压放空分液缓冲罐液位缓慢升高时，应立即检查压力两相回收撬块、压力两相接收撬块、压力两相缓冲撬块和过滤撬块排气是否携液，在故障未彻底排除前应定期对分液罐排液，确保分液罐液位保持在20%以下。

三、二氧化氯发生装置操作

1. 准备

（1）消气防器具：便携式硫化氢检测仪2只（500ppm）；正压式空气呼吸器2套。

（2）劳保用品：耐酸碱工作服、手套、雨鞋，防护口罩、眼镜各2套（双）。

（3）工用具：500mm防爆F扳手1把。

2. 检查

（1）检查确认盐酸储罐和氯酸钠储罐中的药剂液面在1m以上。

（2）检查确认水浴箱清水液面在玻璃液位计1/2以上。

（3）检查确认发生器进水管路上的电接点压力表的压力下限值设定在0.30MPa。

（4）检查确认控制柜供电正常。

3. 操作

启动：

（1）打开发生器的出口阀门。

（2）打开动力水泵出口阀门。

（3）按下动力水泵启动按钮。

（4）打开空气进口阀门。

（5）将控制柜"手动/自动"转换开关打到"手动"挡，按下发生器启动按钮。

（6）观察水浴箱温度升至70℃。

（7）打开盐酸计量泵和氯酸钠计量泵进口管线阀门。

（8）按下氯酸钠和盐酸的加药计量泵启动按钮，调节计量泵的冲程，使计量泵的流量范围在23～25L/h。

（9）将控制柜"手动/自动"转换开关打到"自动"挡。

（10）观察余氯检测仪显示数据，确认发生器产生的二氧化氯进入系统。

（11）观察漏氯检测仪显示数据，确认无漏氯显示。

停运：

（1）按下氯酸钠和盐酸加药计量泵停止按钮，关闭氯酸钠和盐酸计量泵进出口阀门。

（2）30min后，余氯检测仪显示数据为0时关闭动力水进水阀门。

（3）按下发生器的停止按钮。

（4）关闭发生器出口阀门。

4. 注意事项

（1）设备所用原料氯酸钠和盐酸应分开单独存放，避免盐酸和氯酸钠直接接触。

（2）操作前必须穿戴个人防护装备，避免盐酸或氯酸钠与身体接触，以免烧伤皮肤；如有接触，应立即使用大量清水清洗。

（3）氯酸钠应存放在干燥、通风、避光处，严禁与酸性物质及易燃物品如木屑、硫磺、磷等物品共同存放，严禁烟火，严禁挤压，严禁撞击，注意防潮。

（4）操作时必须有人监护。

四、过滤撬块反冲洗操作

1. 准备

（1）消气防器具：便携式硫化氢检测仪2只(500ppm)；正压式空气呼吸器2套。

（2）工用具：200mm活动扳手1把；橡胶手套2套。

2. 检查

（1）检查确认压力缓冲罐液位在1.3~2.0m之间。

（2）检查确认压力两相污水回收罐液位在1.4m以下。

（3）检查确认仪表风压力在0.6~0.8MPa之间。

（4）检查确认压力缓冲撬块反冲洗泵吸水管线的2个阀门、污水回收撬块反洗排水管线进口3个阀门处于打开状态。

（5）检查确认反洗清洗剂溶药桶液位在0.5m以上。

（6）检查确认加药泵进、出口阀门处于开启状态。

（7）检查确认反冲洗泵进、出口阀门处于开启状态。

（8）检查确认过滤撬块在正常过滤工况下运行。

（9）检查确认液压站油位在油位计上显示1/2以上。

（10）检查确认PLC控制柜供电正常。

3. 操作

1）双滤料反冲洗操作

手动反洗：

（1）将PLC控制柜上的"手动/自动"转换开关打到"手动"挡。

（2）关闭一台双滤料过滤罐生产进、出口阀门。

（3）打开排水阀门，打开补气阀门，排水6min之后关闭补气阀门，关闭排水阀门。

（4）打开反洗进气阀和排气阀，6min后关闭反洗进气阀，7min后关闭排气阀。

（5）打开反冲洗进、出水阀门，按照离心泵操作规程启动双滤料反冲洗泵。

（6）启动反洗清洗剂搅拌机，打开加药出口管线阀门，启动反洗清洗剂加药泵。

（7）7min 后，停运反洗清洗剂加药泵、反洗清洗剂搅拌机、双滤料反冲洗泵，关闭泵进出口阀门。

（8）关闭反冲洗出、进水阀门。

（9）打开生产出、进口阀门。

自动反洗：

（1）将 PLC 控制柜上的"手动/自动"转换开关打到"自动"挡。

（2）启动反洗清洗剂搅拌机，打开加药出口管线阀门，启动反洗清洗剂加药泵。

（3）7min 后停运搅拌机、加药泵，关闭加药出口管线阀门。

2）纤维束过滤器反冲洗操作

手动反洗：

（1）将 PLC 控制柜上的"手动/自动"转换开关打到"手动"挡。

（2）关闭一台纤维束过滤罐生产进、出口阀门。

（3）打开控制活动盘的上行阀。

（4）打开反洗出水、进水阀门，启动纤维束过滤罐反冲洗泵。

（5）启动反洗清洗剂搅拌机，打开加药出口管线阀门，启动反洗清洗剂加药泵。

（6）7min 后，停运纤维束反冲洗泵、反洗清洗剂加药泵、反洗清洗剂搅拌机，关闭反冲洗进、出水阀门。

（7）打开控制活动盘的上、下行阀各 5 次对纤维束进行挤压，然后打开控制活动盘的上行阀。

（8）打开反冲洗出水、进水阀门，启动纤维束过滤罐反冲洗泵进行水冲。

（9）3min 后，停运反冲洗泵，关闭反冲洗进、出水阀门。

（10）重复步骤（7）～（9）。

（11）打开控制活动盘的下行阀。

（12）打开生产出口、进口阀门。

自动反洗：

（1）将 PLC 控制柜上的"手动/自动"转换开关打到"自动"挡。

（2）启动反洗清洗剂搅拌机，打开加药出口管线阀门，启动反洗清洗剂加药泵。

（3）7min 后停运搅拌机、加药泵，关闭加药出口管线阀门。

4. 注意事项

（1）操作时必须穿戴防护器具，且有人监护。

（2）过滤撬块进出口水质恶化时也应及时进行反洗。

（3）注意检查液压站内的液压油油质，发现变质时应立即更换。

五、加药撬块操作

1. 准备

（1）消气防器具：便携式硫化氢检测仪 2 只（500ppm）；正压式空气呼吸器 2 套。

（2）工用具：250mm 活动扳手 1 把。

（3）劳保用品：耐酸碱工作服 2 套；橡胶手套 2 套。

2. 检查

（1）检查确认各溶药罐内的药剂液面在 300mm 以上。

（2）检查确认计量泵、搅拌机、PLC 机柜等设备供电正常，接地良好。

（3）检查确认计量泵有油位显示。

（4）检查确认机泵周围无杂物。

（5）检查确认机泵、管路连接可靠。

（6）检查确认溶药罐排污阀门和溶药桶根部阀处于关闭状态。

（7）检查确认计量泵出口总阀和各加药点阀门处于开启状态。

（8）检查确认备用泵进、出口阀门处于关闭状态。

3. 操作

1）储罐配药

（1）在预稀释药桶中配好高浓度药液。

（2）启动加药泵、将浓药液打入相对应的溶药桶。（输入不同药液时，应用清水对泵进行清洗）

（3）向溶药桶中注入稀释清水。

（4）将系统运行方式转入"手动"，启动搅拌机 5min。

2）加药系统启动

（1）打开溶药桶根部出口阀、计量泵的进、出口阀。

（2）手动运行时，将"手动/停止/自动"转换开关旋至手动挡位，手动启动计量泵，在触摸屏上点击相应的加药装置，按下"伺服电机手动给定"，计量泵将在一定的冲程下手动运行（停计量泵时，应将"伺服电机手动给定"复位）。

（3）自动运行时，将"手动/停止/自动"转换开关旋至自动挡位，在触摸屏上按下泵启动，启动相应的计量泵。计量泵自动根据来水流量调节加药量。

4. 注意事项

（1）运行时注意观察溶药罐液位，避免抽空，损坏计量泵隔膜。

（2）计量泵在使用时注意系统压力峰值不超过安全阀的最大容许工作压力。

（3）溶药桶液位高于 950mm 时，声光报警提示停止加药；液位低于 300mm 时，声光报警提示开始加药；液位低于 50mm 时，声光报警并联锁停计量泵。

（4）操作时必须穿戴个人防护设备。

六、加药装置操作

1. 准备工作

（1）消气防器具：便携式硫化氢检测仪 2 个（500ppm）；正压式空气呼吸器 2 具。

（2）工用具：350mm 活动扳手 1 把；耐酸碱工作服 2 套；橡胶手套 2 套。

2. 检查

（1）检查确认溶药罐内无残余药剂及残液。

（2）检查确认二次电源机柜、加药离心泵、搅拌机供电正常，接地良好。

（3）检查确认加药离心泵润滑油视窗油位在 $1/3 \sim 2/3$ 之间。

（4）检查确认搅拌机无机变速器润滑油脂油位在 5mm。

（5）检查确认机泵、管路连接可靠。

（6）检查确认加药装置工艺阀位状态（见表 5 – 16）。

表 5 – 16 污水站加药装置操作闸门状态表

序号	阀门说明	切换后状态	数量	检查人	确认人	备注
1	溶药罐翻版液位计排污控制阀	关	1			
2	溶药罐罐底排污球阀	关	1			
3	泵进口汇管球阀	关	1			
4	1#泵进口球阀	开	1			
5	2#泵进口球阀	开	1			
6	1#泵出口球阀	关	1			
7	2#泵出口球阀	关	1			
8	泵出口汇管压力表根部阀	开	1			
9	泵出口汇管压力变根部阀	开	1			

3. 操作

1）溶药罐配药

（1）将预配置药剂转至溶药罐。

（2）按照药液比，向溶药罐中注入预定量清水稀释。

（3）将搅拌电控箱控制面板"手动""自动"转换旋钮转入"手动"。

（4）按下"启动搅拌机"按钮，"运行搅拌机"指示灯亮，搅拌机运行 5min。

（5）按下"停止搅拌机"按钮，搅拌机停止运行。

2）加药系统启动

（1）打开泵进口汇管控制阀。

（2）将加药离心泵电控箱控制面板"手动""自动"转换旋钮转入"手动"，

（3）选择离心泵，按下"启动离心泵"按钮，"运行离心泵"指示灯亮，加药进行。

4. 注意事项

（1）操作时必须穿戴防护器具，且有人监护。

（2）运行时注意观察溶药罐液位，避免抽空，损坏离心泵。

（3）输入不同药液时，应用清水对泵进行清洗。

（4）溶药罐产生沉淀、结晶、固化现象时，定期对整套装置进行清洗，重点清洗进口过滤器。

七、空间除硫装置操作

1. 准备

（1）消气防器具：便携式硫化氢检测仪 2 只（500ppm）；正压式空气呼吸器 2 套。

（2）工用具：200mm 活动扳手 1 把。

2. 检查

（1）检查确认控制柜供电正常。

（2）检查确认 pH 计、H_2S 在线检测仪、加热装置及显示仪表在正常工作状态。

（3）检查确认预清洗中和液的 pH 值 >8，除硫营养液 pH 值 6.5～7.5，装置内环境温度 >10℃。

（4）检查确认各部连接螺栓和固定螺栓紧固。

（5）对风机及循环泵进行盘车，确认旋转正常。

（6）空载点动风机、循环泵，确认旋转方向与标识方向一致。

（7）检查确认集气罩、风管固定可靠，风管严密性良好。

3. 操作

（1）微开一扇集气罩窗户。

（2）打开循环泵进出口阀门。

（3）按下循环泵启动按钮，启动循环泵。

（4）打开风机进出口阀门。

（5）按下风机启动按钮，启动一台风机。

（6）观测 H_2S 在线检测仪的测量显示，确认排出口 H_2S 浓度合格排放。

4. 注意事项

（1）定期检查预清洗中和液和除硫营养液的 pH 值，不符合要求时要及时更换。

（2）在污水池停用时，要定期启动风机和循环泵，避免部件锈蚀。

（3）操作前必须穿戴个人防护设备。

（4）操作时必须穿戴防护器具，且有人监护。

八、密闭气撬块操作

1. 准备

（1）消气防器具：便携式硫化氢检测仪 2 只（500ppm）；正压式空气呼吸器 2 套。

（2）工用具：200mm 活动扳手 1 把；450mm 防爆 F 扳手 1 把。

2. 检查

（1）检查确认调压器的放空阀门、分离器排污阀门、分离器手动放空阀处于关闭状态。

（2）检查确认压力表、压力变送器、液位计处于开启状态。

（3）检查确认旁通调压器进出口阀门处于关闭状态。

3. 操作

（1）缓慢开启调压器进出口阀门。

（2）缓慢旋转调压器压力调节螺杆进行调节，直至达到允许压力范围内。

（3）待压力表示值稳定后，缓慢开启分离器进口阀门。

（4）观察分离器压力指示，稳定在 0.6～0.8MPa 后，缓慢开启分离器出口阀门。

4. 注意事项

（1）操作时必须穿戴防护器具，且有人监护。

（2）观察液位仪表显示，液位在600mm以下。

（3）调压器调节螺杆顺时针旋转压力升高，反之压力降低。

九、污泥提升泵操作

1. 准备

（1）消气防器具：便携式硫化氢检测仪2只(500ppm)；正压式空气呼吸器2套。

（2）工用具：450mm防爆F扳手1把、250mm活动扳手1把。

2. 检查

（1）检查确认连接螺栓和固定螺栓紧固。

（2）检查确认减速器润滑油视窗液位在1/3～2/3。

（3）盘车3～5圈，确认转动正常，无卡阻、异响。

（4）检查确认污泥提升泵供电正常。

3. 操作

（1）打开泵的进出口阀门，确认流程已导通。

（2）打开清水置换阀门，泵体进清水。

（3）按启动按钮，启动泵。

（4）观察出口管路的压力。

（5）泵运行正常后关闭清水置换阀门。

（6）按停止按钮，停泵。

（7）关闭泵进出口阀门。

4. 注意事项

（1）操作时必须穿戴防护器具，且有人监护。

（2）启泵前注意进口流程切换。

（3）检查泵系统的出口压力、温度、噪声、振动等参数是否在要求的范围内，异常时应立即汇报并做出处理，做好记录。

（4）输送了高黏度、高腐蚀性介质后，必须及时对泵进行清水置换。

十、压滤机操作

1. 准备

（1）消气防器具：便携式硫化氢检测仪2只(500ppm)；正压式空气呼吸器2套。

（2）工用具：500mm防爆F扳手1把；250mm活动扳手1把。

2. 检查

（1）检查确认液压油箱油位在液位计1/3以上。

（2）检查确认导轨、板框及链条内没有杂物。

（3）检查确认转动和滑动部位润滑良好。

（4）检查确认滤板、滤布没有破损。

（5）检查确认进料阀门、回流阀、滤后水阀门处于开启状态。

（6）检查确认油缸电接点压力表调至保压范围（20MPa）以内。

（7）检查确认控制柜供电正常，指示灯亮。

（8）检查确认液压油管线无裂纹、无泄漏。

3. 操作

1）进料

（1）将控制柜"手动/自动"转换开关打到"手动"。

（2）按下"手动压紧"按钮，压力升至15MPa时按下停止按钮。

（3）启动污泥提升泵进料，用回流阀门控制压滤机进料压力为0.05MPa，预膜30min。

（4）利用回流阀控制，每间隔30min增压0.1MPa，当进料压力调至0.55MPa时连续运行，直至泥饼形成，停污泥提升泵。

2）卸料

（1）按下"手动松开"按钮松开机头。

（2）按下"手动取板"按钮，观察拉板小车取板过程，确认取板完成。

（3）按下"手动拉板"按钮，观察拉板小车拉板过程，拉板后，将滤板上的泥饼卸掉。

（4）卸料完毕后，打扫压滤机周围卫生。

3）自动运行

（1）将控制柜"手动/自动"转换开关打到"自动"。

（2）按下"程序自动"按钮，待压滤机运行至压紧状态。

（3）启动污泥提升泵进料，用回流阀门控制压滤机进料压力为0.05MPa，预膜30min。

（4）利用回流阀控制，每间隔30min增压0.1MPa，当进料压力调至0.55MPa时连续运行，直至泥饼形成，停污泥提升泵。

（5）按下"程序自动"按钮，完成卸料，并运行至压紧状态。

（6）打开泥斗完成装车后，关闭泥斗。

4. 注意事项

（1）开机前必须对液压油进行严格检查，必须使用规定型号的液压油，严禁缺油运转。

（2）液压站工作时，注意检查油泵声音有无异常，否则应立即停机，然后检查并排除故障。

（3）开机前对转动、滑动部位进行检查，确保灵活可靠。

（4）在压紧过程中注意观察电机、油泵和板框机运行情况有无异常，若有异常，应立即手动停机。

（5）正常情况下，应采用自动操作，若自动失灵，可采用手动操作。在"自动/手动"转换之前，应先切断电源再旋转"手动/自动"旋钮。

（6）在自动卸料过程中，严禁将手伸入板框之间。

（7）运行中发生液压油泄漏时，应先卸压再进行紧固，禁止带压作业。

（8）进料时注意观察滤后水情况，若发现混浊，说明滤布破损，停车后修补更换。

（9）拉取板时必须到位，待行程开关动作后方可进行下步操作，以免损坏机件。

（10）注意观察左右横梁上的两个拉板口，使其保持同步拉板。

（11）油缸压力由油缸电接点压力表来控制保压，因此在工作中电气系统应保持通电状态，切不可断电。

（12）操作时必须穿戴防护器具，且有人监护。

十一、污水池卸车操作

1. 准备工作

（1）消气防器具：便携式硫化氢检测仪 2 个(500ppm)；正压式空气呼吸器 2 具。

（2）工用具：强排风扇；耐酸碱工作服 2 套；橡胶手套 2 套。

2. 检查

（1）检查确认污水池液位在 60% 以下。

（2）罐车氮气压力 1.5MPa 以上。

（3）检查确认罐车液位声光报警装置电源正常。

（4）检查确认罐车氮气调压阀正常，罐顶安全阀正常。

（5）检查确认快速接头及连接管线本体及密封完好。

（6）检查确认污水池排污进口阀门处于开启状态，卸车阀组快装接头控制阀、回气阀处于关闭状态。

3. 操作

（1）密闭罐车停靠到位，接地连接良好。

（2）连接罐车装车进口控制阀与卸车阀组快装接头。

（3）依次打开密闭罐车氮气补气阀、罐车装车进口控制阀和卸车阀组快装接头进口控制阀。

（4）卸车完成后，关闭氮气补气阀、罐车装车进口控制阀、卸车阀组快装接头进口控制阀。

（5）断开快速接头、接地线。

（6）密闭水罐车离开。

4. 注意事项

（1）操作时必须穿戴防护器具，且有人监护。

（2）罐车倒车时必须缓慢、有人指挥，避免撞到站场设备。

（3）罐车停靠后熄火拔掉车钥匙，必须拉上手制动，避免前移拉断管线。

（4）观察污水池液位，避免冒池。

（5）观察密闭污水罐车液位，避免抽空。

（6）在上风口打开排风扇后进行装、拆连接管线。

（7）管线内残留污水应妥善处理，禁止外排。

（8）开关阀门时应缓慢操作，避免流量过大造成冲击。

（9）吸污车氮气瓶压力低于 1.5MPa 时要及时补气。

十二、污水外输泵操作

1. 准备工作

（1）消气防器具：便携式硫化氢检测仪 2 个（500ppm）；正压式空气呼吸器 2 具。

（2）工用具：350mm 活动扳手 1 把；500mm"F"扳手 1 把；报话机 2 部。

2. 检查

（1）检查确认供电正常。

（2）盘车 3~5 圈，确认无卡阻、异响。

（3）泵头前、后端润滑油视窗油位在 1/3~2/3。

（4）检查确认连接螺栓和固定螺栓紧固无松动。

（5）检查确认污水处理系统运行正常。

（6）检查确认污水缓冲罐液位在 40%~75%，保证外输污水平稳安全运行。

（7）检查确认泵管路阀门工艺状态（见表 5-17）。

表 5-17　污水站污水外输闸门状态表

序号	阀门说明	切换后状态	数量	检查人	确认人	备注
1	1#泵进口 DN100 闸阀	开	1			
2	1#泵出口 DN80 闸阀	开	1			
3	1#泵出口 DN50 回流闸阀	关	1			
4	2#泵进口 DN100 闸阀	关	1			
5	2#泵出口 DN80 闸阀	关	1			
6	2#泵出口 DN50 回流闸阀	关	1			
7	3#泵进口 DN100 闸阀	关	1			
8	3#泵出口 DN80 闸阀	关	1			启动 1#泵，1#回注站注水
9	3#泵出口 DN50 回流闸阀	关	1			
10	泵出口阀组旁通 DN150 闸阀	关	1			
11	泵出口阀组电磁流量计上游 DN150 闸阀	开	1			
12	泵出口阀组电磁流量计下游 DN150 闸阀	开	1			
13	外输阀组 1#回注站旁通 DN100 闸阀	开	1			
14	外输阀组 1#回注站流量计上游 DN100 闸阀	关	1			
15	外输阀组 1#回注站流量计下游 DN100 闸阀	关	1			
16	外输阀组 2#回注站 DN100 闸阀	关	1			

3. 操作

（1）向中控室汇报准备启泵，报话机联系污水回注站准备启泵。

（2）总电源开关、变频电源开关拨至"合"位置。

（3）"本地/远程"转换开关旋转至"本地"。

（4）变频操作：

① "变频/停止/工频"转换开关旋转至"变频"；

② 选择泵，将"投入/变频/退出"转换开关旋转至"投入"，对应泵工作、该泵变频指示灯亮；

③ 由注水量控制设定压力，转动"设定压力"电位器旋钮，观察仪表盘"设定压力值"；

④ 按下"变频/启动"按钮，变频运行指示灯亮，观察仪表盘"实际压力值"，转动"设定压力"电位器旋钮直至所需压力；

⑤ 按下"变频停止"按钮，泵停止运行；

⑥ 关闭泵进口、出口阀门。

（5）工频操作：

① "变频/停止/工频"转换开关旋转至"工频"；

② 选择对应泵工作，按下变频器"工频启动"按钮，工频运行指示灯亮；

③ 按下"工频停止"按钮，泵停止运行。

④ 关闭泵进口、出口阀门。

（6）操作柱操作：

① "本地/远程"转换开关旋转至"远程"；

② "投入/变频/退出"转换开关旋转至"退出"；

③ 按下操作柱启动按钮，对应工频运行指示灯亮；

④ 按下操作柱停止按钮，泵停止运行。

⑤ 关闭泵进口、出口阀门。

4. 注意事项

（1）泵正常运行时机械密封泄漏量 3～5 滴/min。

（2）泵正常运行时电机轴承温度≤75℃。

（3）泵正常运行时声音无异常。

（4）泵严禁空车或超压运行。

（5）出现下列情况之一时应紧急停车：

① 泵出口压力突然降低；

② 泵出现异常振动或刺耳的尖叫声；

③ 泵电机发热、温度大于75℃。

（6）操作时必须穿戴防护器具，且有人监护。

十三、污水装卸车操作

1. 准备

（1）消气防器具：便携式硫化氢检测仪 3 只（500ppm）；正压式空气呼吸器 3 套；8kg 灭火器 2 台；小型防爆排风扇 1 台。

（2）工用具：450mm 防爆 F 扳手 1 把、200mm 活动扳手 1 把。

2. 检查

1）装车操作前的检查

（1）检查确认污水缓冲罐液位在 160cm 以上。

（2）检查确认密闭水罐车接地良好，氮气补气系统安全可靠。

（3）检查确认电磁流量计电源正常，罐车高液位声光报警装置电源正常。

（4）检查确认调压阀在正常使用期间内。

（5）检查确认水罐车罐顶安全阀在正常使用期间内，回气阀处于关闭状态。

（6）检查确认快速接头及连接管线的本体及密封完好。

（7）检查确认缓冲罐压力在正常工作压力范围内。

（8）检查确认缓冲罐出口阀门、流量计上下游阀门处于开启状态；计量旁通阀门、鹤管污水进、出口阀门、密闭水罐车进口阀门、鹤管返回气进、出口阀门处于关闭状态。

2）卸车操作前的检查

（1）检查确认高架注水罐液位在 160cm 以下。

（2）检查确认密闭水罐车接地良好，氮气补气系统安全可靠。

（3）检查确认卸车泵供电正常。

（4）检查确认移动仪表值班室内的控制柜供电正常。

（5）检查确认氮气调压阀在正常使用期间内。

（6）检查确认密闭水罐车回气管线阀门、罐车进口阀门、罐车出口阀门、氮气补气阀门、高架注水罐进口阀门处于关闭状态。

（7）检查确认氮气储气瓶的压力在 2.0 ~ 3.0MPa 范围内。

3. 操作

1）装车

（1）密闭水罐车停靠到位。

（2）连接水罐车与鹤管污水管线与返回气管线的快速接头。

（3）打开罐车罐顶回气阀、鹤管返回气进出口阀门。

（4）依次缓慢打开鹤管污水进口阀门、罐车进口阀门、鹤管污水出口阀门。

（5）罐车液位高报警时迅速关断鹤管污水出口阀门。

（6）关闭鹤管污水进口阀门、罐车进口阀门、罐车罐顶回气阀、鹤管返回气进口阀门、鹤管返回气出口阀门。

（7）断开快速接头，将连接管线复位。

2）卸车

（1）密闭水罐车停靠到位。

（2）连接水罐车与卸车泵的快速接头。

（3）打开密闭水罐车氮气补气阀门、罐车出口阀门和高架注水罐进口阀门。

（4）按下卸车泵启动按钮。

（5）压力稳定升至 0.2MPa 时，打开卸车泵出口阀门。

（6）卸车完成后，关闭卸车泵出口阀门，按下卸车泵停止按钮。

（7）关闭氮气补气阀门、罐车出口阀门、高架注水罐进口阀门。

（8）断开快速接头，将连接管线复位。

4. 注意事项

（1）操作时必须穿戴防护器具，且有人监护。

（2）罐车倒车时务必缓慢并且有人监控指挥，避免撞到站场设备；停靠后务必拉上手制动，避免前移拉断管线。

（3）观察压力缓冲罐和密闭污水罐车液位，避免缓冲罐抽空或污水进入回气管线。

（4）拆卸连接管线时，应在上风口打开排风扇后再进行拆管操作。

（5）管线内残留污水应妥善处理，禁止外排。

（6）开关阀门时应缓慢操作，以免流量过大造成冲击；卸车时，应注意观察高架注水罐及密闭水罐车液位，以免造成抽空或冒顶。

（7）氮气瓶压力低于 1.5MPa 时要及时补气。

十四、压力罐操作

1. 准备工作

（1）消气防器具：便携式硫化氢检测仪 2 个（500ppm）；正压式空气呼吸器 2 具。

（2）工用具：350mm 活动扳手 1 把；500mm "F" 扳手 1 把。

2. 检查

（1）压力罐罐体外观、罐基础良好，罐顶人孔盖、封头人孔盖螺栓齐全紧固。

（2）压力罐操作界面自控系统压力变显示值与就地压力表显示值一致，操作界面自控系统液位变显示值与就地翻版液位计显示值一致。

（3）压力罐操作界面火器系统有毒气体显示值与就地检测仪显示值一致，操作界面火器系统可燃气体显示值与就地检测仪显示值一致。

（4）仪表风总控制阀、压力罐单个气动蝶阀仪表风控制阀处于开位状态，仪表风压力 0.6MPa。

（5）密闭气撬块出口压力 0.6～0.8MPa，压力罐补气、排气系统闸门状态见附表 1。

（6）压力罐安全阀上游、下游控制阀处于关闭状态，手动放空阀处于关闭状态。

（7）压力罐进口气动阀、进口闸阀、出口闸阀、取样阀、气动排污阀和冲泥阀处于关闭状态，排污汇管总控制阀处于开位状态见表 5－18。

表 5－18　污水站压力罐操作闸门状态表

序号	阀门说明	切换后状态	数量	检查人	确认人	备注
1	压力罐进口气动蝶阀	关	1			
2	压力罐进口控制闸阀	关	1			
3	压力罐出口控制闸阀	关	1			

序号	阀门说明	切换后状态	数量	检查人	确认人	备注
4	压力罐出口取样阀	关	1			
5	压力罐气动排污阀	关	3 或 4			
6	压力罐排污冲泥控制阀	关	3 或 4			
7	压力罐排污总控制闸阀	开	1			
8	压力罐翻版液位计根部阀	开	2			
9	压力罐差压液位计根部阀	开	2			
10	氮气仪表风总控制阀	开	1			
11	单气动阀仪表风控制阀	开	4 或 5			
12	补气调压器上、下游控制阀	关	2			
13	补气调压器旁通阀	关	1			
14	补气调压后压力表根部阀	开	1			
15	压力罐补气进罐控制阀	关	1			
16	压力罐排气出罐控制阀	关	1			
17	排气调压器上、下游控制阀	关	2			
18	排气调压器旁通阀	关	1			
19	排气调压前压力表根部阀	开	1			
20	压力罐安全阀上、下游控制阀	关	2			
21	压力罐手动放空控制阀	关	1			

3. 操作

1）投运

（1）通过压力罐操作界面，将压力罐运行状态切换至"手动"状态。

（2）打开压力罐安全阀上游、下游控制阀，安全阀投运。

（3）投运压力罐密闭气，闸门状态见表 5-19。

表 5-19　污水站压力罐密闭气投运操作闸门状态表

序号	阀门说明	切换后状态	数量	检查人	确认人	备注
1	补气调压器上、下游控制阀	开	2			
2	补气调压器旁通阀	关	1			
3	补气调压后压力表根部阀	开	1			
4	压力罐补气进罐控制阀	开	1			
5	压力罐排气出罐控制阀	开	1			
6	排气调压器上、下游控制阀	开	2			
7	排气调压器旁通阀	关	1			
8	排气调压前压力表根部阀	开	1			
9	压力罐安全阀上、下游控制阀	开	2			
10	压力罐手动放空控制阀	关	1			

（4）压力罐压力稳定在 0.2～0.3MPa 时，打开压力罐进口气动阀、缓慢打开进口闸阀。

（5）压力罐液位上升至 10% 以上时，缓慢打开出口闸阀。

（6）逐一验证压力罐进口气动阀、排污气动阀灵活好用，现场显示阀位与压力罐操作界面阀位显示一致。

（7）通过压力罐操作界面，将压力罐运行状态切换至"自动"状态。

2）停运

（1）通过压力罐操作界面，将压力罐运行状态切换至"手动"状态。

（2）关闭压力罐进口闸阀、出口闸阀，进口气动阀和排污总阀。

（3）关闭压力罐补气调压器上、下游控制阀，进压力罐闸阀。

（4）关闭压力罐排气调压器上、下游控制阀，出压力罐闸阀。

（5）关闭压力罐安全阀上游、下游控制阀。

（6）关闭氮气仪表风总控制阀、压力罐单个气动蝶阀仪表风控制阀。

（7）挂停运牌。

4. 注意事项

（1）压力罐严格执行《压力容器使用登记管理规则》。

（2）压力罐严禁超压、超温运行。

（3）压力罐安全附件（安全阀、压力表、液位计）在校验有效期内。

（4）操作时必须穿戴防护器具，且有人监护。

十五、新增链板式刮泥机操作

1. 准备

（1）消气防器具：便携式硫化氢检测仪 2 只（500ppm）；正压式空气呼吸器 2 套。

（2）工用具：250mm 活动扳手 1 把，报话机 2 部。

2. 检查

（1）检查各连接处的紧固件是否连接紧固。

（2）检查确认供电是否正常。

（3）检查链条密封是否严密。

（4）检查混合沉降池液位超过 30%。

（5）检查链节是否达到张紧要求（第一次）。

3. 操作

（1）向中控室汇报准备启动刮泥机。

（2）总电源开关拨至"合"位置。

（3）选择对应的刮泥机，按下操作柱"启动"按钮，刮泥机运行指示灯亮。

（4）按下操作柱"停止"按钮，刮泥机停止运行，刮泥机停行指示灯亮。

4. 注意事项

（1）运行时检查链条传动时有无异常噪声。

（2）注意刮板应与池壁无摩擦现象。

（3）电机减速机在运行时电流是否正常。

（4）整机运行时有无异常噪声。

十六、气浮装置启停操作

1. 准备工作

（1）消气防器具：便携式硫化氢检测仪 2 个(500ppm)；正压式空气呼吸器 2 具。

（2）工用具：350mm 活动扳手 1 把；报话机 2 部。

2. 检查

（1）检查确认 PLC 控制柜供电正常。

（2）管道离心泵运行正常，无卡、阻现象，盘根无渗漏现象。

（3）引水罐、压力溶气罐罐体外观良好，罐体视窗盖、各部连接法兰螺栓齐全紧固。

（4）引水罐液位计显示 100% 的液位，压力溶气罐液位计显示 50% 的液位。引水罐压力表显示正常为 0MPa、压力溶气罐压力表显示正常为 0MPa。

（5）压力溶气罐氮气进口压力 0.5MPa。

（6）压力溶气罐安全阀在有效校验期内。

（7）检查确认污水处理系统运行正常。

（8）检查确认空间除硫装置运行正常。

（9）检查确认污水接收气浮池液位高于 30% 。

（10）检查确认泵管路阀门工艺状态(表 5 – 20)。

表 5 – 20　阀门工艺状态表

序号	阀门说明	切换后状态	数量	检查人	确认人	备注
1	引水罐进口控制阀	关	1			
2	引水罐排空口控制阀	关	1			
3	引水罐溶气水进口控制阀	开	1			
4	引水罐管道离心泵进口控制阀	开	1			
5	引水罐管道离心泵出口控制阀	开	1			
6	引水罐液位计上游控制阀	开	1			
7	引水罐液位计下游控制阀	开	1			
8	引水罐呼吸阀控制阀	开	1			
9	引水罐罐体压力表控制阀	开	1			
10	压力溶气罐液位计上游控制阀	开	1			
11	压力溶气罐液位计下游控制阀	开	1			
12	压力溶气罐进口压力表控制阀	开	1			
13	压力溶气罐溶气水出口控制阀	开	1			

3. 操作

1）气浮装置启动操作

（1）关闭引水罐排空口控制阀、引水罐管道离心泵进口控制阀，清水加注进引水罐，加注过程中缓慢打开排空口控制阀，加满后关闭排空口控制阀（第一次运行）。

（2）按撬块控制柜"泵启动"按钮，启动引水罐管道离心泵。

（3）打开压力溶气罐氮气进口控制阀，给压力溶气罐供气，观察压力溶气罐进口压力为 0.5MPa。

2）气浮装置停运操作

（1）按撬块控制柜"泵停止"按钮，停运引水罐管道离心泵。

（2）关闭引水罐溶气水进口控制阀，管道离心泵进口、出口控制阀，压力溶气罐出口控制阀。

（3）压力溶气罐氮气运行 5min 后关闭压力溶气罐氮气进口控制阀。

（4）关闭控制柜电源。

4. 注意事项

（1）引水罐液位计显示低于 100% 的液位时禁止启动管道离心泵运行气浮装置，防止损坏管道离心泵。

（2）引水罐压力表显示压力大于 0MPa 时，应该及时从引水罐排空口排气，排气时防止硫化氢外溢。

（3）空间除硫装置运行正常后才能够运行气浮装置，防止污水池硫化氢聚集影响运行安全。

（4）长期停运气浮装置时，必须对压力溶气罐进行氮气置换，防止硫化氢气体储存于压力溶气罐内。

（5）操作时必须穿戴防护器具，且有人监护。

十七、新增加药撬块操作

1. 准备

（1）消气防器具：便携式硫化氢检测仪 2 只（500ppm）；正压式空气呼吸器 2 套。

（2）工用具：250mm 活动扳手 1 把。

（3）劳保用品：耐酸碱工作服 2 套；橡胶手套 2 套。

2. 检查

（1）检查确认各溶药罐内的药剂液面在 300mm 以上。

（2）检查确认计量泵、搅拌机、PLC 机柜等设备供电正常，接地良好。

（3）检查确认计量泵油位在 1/3～1/2。

（4）检查确认机泵周围无杂物。

（5）检查确认机泵、管路连接可靠。

（6）检查确认溶药罐排污阀门和溶药桶根部阀处于关闭状态。

（7）检查确认计量泵出口总阀和各加药点阀门处于开启状态。

（8）检查确认备用泵进、出口阀门处于关闭状态。

（9）检查回流管线阀门处于关闭状态。

（10）检查标定柱阀门处于关闭状态。

3. 操作

1）储罐配药

（1）向溶药桶内加入预配浓度药剂所需的水。

（2）向溶药桶中加入预配浓度的固体药剂。

（3）将系统运行方式转入"手动"，启动搅拌机运行30min。

2）加药系统启动

（1）打开溶药桶根部出口阀、计量泵的进、出口阀。

（2）手动运行时，将"手动/停止/自动"转换开关旋至手动挡位，手动启动计量泵，通过计量泵旋钮手动调节计量泵冲程。

（3）自动运行时，将"手动/停止/自动"转换开关旋至自动挡位，在触摸屏上按下泵启动，启动相应的计量泵。计量泵根据来水流量自动调节加药量。

4. 注意事项

（1）运行时注意观察溶药罐液位，避免抽空，损坏计量泵隔膜。

（2）使用计量泵时注意系统压力峰值不超过安全阀的最大容许工作压力。

（3）溶药桶液位低于300mm时，加药计量泵自动停止加药。

（4）脉冲阻尼器在使用前预充氮气或氩气，压力为系统平均压力的50%～80%。

（5）操作时必须穿戴个人防护设备。

十八、液下泵启停操作

1. 准备工作

（1）消气防器具：便携式硫化氢检测仪2个（500ppm）；正压式空气呼吸器2具。

（2）工用具：350mm活动扳手1把；报话机2部。

2. 检查

（1）检查确认供电正常。

（2）盘车两周，确认盘车轻便，无卡阻、异响。

（3）检查密封填料压紧程度及压盖是否歪斜。

（4）检查轴承的润滑油脂是否充足，冷却系统是否畅通。

（5）检查确认连接螺栓和固定螺栓紧固无松动。

（6）检查确认污水处理系统运行正常。

（7）检查确认污水接收罐液位在40%～75%，确保污水站平稳安全运行。

（8）检查确认污水池液位在40%～60%，确保液下泵平稳安全运行。

（9）检查确认泵管路阀门工艺状态正常。

3. 操作

（1）向中控室汇报准备启泵。

（2）总电源开关拨至"合"位置。

（3）手动操作：

① "手动/自动"转换开关旋转至"手动"；

② 选择对应泵工作，按下操作柱"启动"按钮，泵运行指示灯亮；

③ 按下操作柱"停止"按钮，泵停止运行，泵停行指示灯亮；

④ 关闭泵出口阀门。

（4）自动操作：

① 手动启泵正常后，将"手动/自动"转换开关旋转至"自动"，污水池液位联锁控制停泵；

② 将"手动/自动"转换开关旋转至"手动"，按下"停止"按钮，泵停止运行；

③ 关闭泵出口阀门。

4. 注意事项

（1）泵正常运行时密封点无跑、冒、滴、漏。

（2）轴承温度最高不超过75℃。

（3）泵正常运行时电机轴承温度≤75℃。

（4）泵正常运行时声音无异常。

（5）泵严禁空车或超压运行。

（6）出现下列情况之一时应紧急停车：

① 泵出口压力突然降低；

② 泵出现异常振动或刺耳的尖叫声；

③ 泵电机发热、温度大于75℃。

（7）操作时必须穿戴防护器具，且有人监护。

第四节　净化处理污水处理系统

一、装置简介

普光净化厂污水处理场，根据清污分流的原则将污水分为生产污水和初期雨水两个系列合理调配进行处理。将生产污水和初期雨水分别在调节罐内储存或稀释，生产污水污染物含量相对较高且不易处理的污水与初期雨水合理调配，进入SBR反应池进行生物处理，SBR工艺耐冲击负荷能力强，可根据进水水质和水量的变化调节处理比例，以起到处理的作用。净化场污水处理场内设置两个SBR反应池，因此既可间歇进水也可连续进水，但在生化反应阶段宜不进水。从反应形式来看，曝气池内混合液为完全混合，曝气时间短且效率高，且可以保证出水水质。再经混凝反应和流砂过滤器深度处理，最后通过监控合格后排入后河。

普光污水处理场污水处理规模设计为720m³/d。

废水排放按表5-21指标执行。污水处理场工艺流程简图见图5-22。

表 5-21　废水排放指标

项目	CODcr	BOD$_5$	NH$_3$-N	硫化物	SS	pH	水温
平均值/（mg/L）	60	20	15	1	70	6~9	<40℃

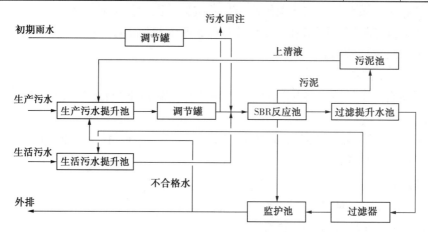

图 5-22　污水处理场工艺流程简图

1. 污水处理设施及反应机理

（1）调节罐

调节罐（图 5-23，每个 3000m³，合计 6000m³）利用其本身的容积暂时储存超过后续工艺处理能力的部分污水，或利用罐内空余容积稀释高浓度污水，使后续处理工艺的水质、水量得到调节，保证操作的平稳。同时可以将泥沙、浮渣在调节罐中上下分离。

（2）SBR 反应池（图 5-24）

SBR 是序列间歇式活性污泥法（Sequencing Batch Reactor Activated Sludge Process）的简称，是一种按间歇曝气方式来运行的活性污泥污水处理技术，又称序批式活性污泥法。与传统污水处理工艺不同，SBR 技术采用时间分割的操作方式替代空间分割的操作方式，非稳定生化反应替代稳态生化反应，静置理想沉淀替代传统的动态沉淀。它的主要特征是在运行上的有序和间歇操作，SBR 技术的核心是 SBR 反应池，该池集均化、初沉、生物降解、二沉淀等功能于一池，无污泥回流系统。

图 5-23　生产污水和初期雨水

图 5-24　SBR 反应池

SBR 与传统活性污泥法相比，具有如下特点：

① 不需要二沉池和污泥回流设备，投资及运行费用低；

② SVI(污泥指数)值较低，污泥易于沉淀，一般情况下不产生污泥膨胀现象；

③ SBR 操作管理比较简单，占地小；

④ 具有较好的脱氮除磷效果。

SBR 的工作过程通常包括五个阶段，依次为：进水阶段—加入基质；反应阶段—基质降解；沉淀阶段—泥水分离；排放阶段—排上清液；闲置阶段—活性恢复。

这 5 个阶段都在曝气池内完成，从第一次进水开始到第二次进水开始称为一个工作周期。典型的运行模式见图 5 - 25。

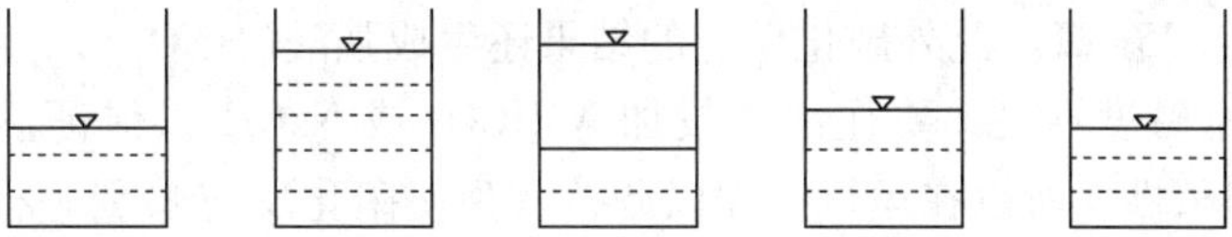

阶段	进水	反应	沉淀	排水	闲置
目的	加入基质	基质降解	泥水分离	排上清液	恢复、排泥
曝气	ON/OFF	ON/CYCLE	OFF	OFF	ON/OFF
时间占周期的百分数/%	25	35	20	15	5
占最大容积的百分数/%	25~75	100	100	75~55	35~25

图 5 - 25　典型 SBR 反应器运行模式

进水阶段所用时间需根据实际排水情况和设备条件确定。在进水阶段，曝气池在一定程度上起到均衡污水水质、水量的作用，因而 SBR 对水质、水量的波动有一定的适应性。

反应阶段是 SBR 最主要的阶段，污染物在此阶段通过微生物的降解作用得以去除。根据污水处理要求的不同，如仅去除有机碳或同时脱氮除磷，可调整相应的技术参数，并可根据原水水质及排放标准具体情况确定反应阶段的时间及是否采用连续曝气的方式。

沉淀阶段相当于传统活性污泥法的二次沉淀池的功能。停止曝气和搅拌，使混合液处于静止状态，完成泥水分离，静态沉淀的效果良好。经过沉淀后分离出的上清液即可排放，排放阶段结束时水位下降至设计最低水位。然后曝气池处于闲置阶段，可通过曝气使有机物进一步分解，并等待一个周期的开始。

SBR 每一个工作周期中，各个阶段的运行时间、运行状态可以根据污水性质、排放规律与出水要求等进行调整。还可根据实际情况省去某个阶段(例如闲置阶段)，或者把反应阶段与进水阶段合并，即进水一开始即进行曝气，可一直持续到反应阶段结束。在反应阶段，可以始终曝气，也可曝气与搅拌(此时不曝气)交替运行，控制十分灵活、方便。

SBR 内反应机理如下：

① 硝化反应

硝化反应是一个两步过程，分别利用两类微生物——亚硝化菌和硝化杆菌。这两类细菌统称为硝化菌。第一步是亚硝化菌将 NH_4^+ 氧化成 NO_2^-，然后再经第二步由硝化杆菌将 NO_2^- 氧化成 NO_3^- 的过程。这两个反应过程都释放能量，硝化菌就是利用这些能量合成新的细胞体和维持正常的生命活动。硝化作用的程度是生物脱氮的关键。

$$2NH_4^+ + 3O_2 \xrightarrow{\text{亚硝化菌}} 2NO_2^- + 4H^+ + 2H_2O + Q$$

$$2NO_2^- + O_2 \xrightarrow{\text{硝化杆菌}} 2NO_3^- + Q$$

$$NH_4^+ + 2O_2 \xrightarrow{\text{硝化菌}} NO_3^- + 2H^+ + H_2O + Q$$

从反应式中我们可以看出，硝化反应的整个反应过程耗去大量的氧。每硝化 1g 氨氮所需 4.75g 氧。此外硝化反应的结果还生成强酸（HNO_3），会使运行环境的酸性增强，由于原水碱度不足，要往池中投加 $NaHCO_3$ 或 $NaOH$ 以保证混合液的剩余碱度，控制 pH 值偏碱性，所以在运行中加以调整。为使硝化反应顺利进行，应采用低有机负荷运行，延长曝气时间，关键是污泥的停留时间，亦即污泥的泥龄。

② 反硝化反应

反硝化反应是反硝化菌异化硝酸盐的过程，即由硝化菌产生的硝酸盐和亚硝酸盐在反硝化菌的作用下，被还原为氮气后从水中溢出的过程。大多数反硝化菌是异养的兼性菌，所以反硝化过程要在缺氧状态下进行。溶解氧的浓度控制在 0.2～0.5mg/L，否则反硝化过程的速率就要减缓。控制曝气池溶解氧浓度达到反硝化菌生长适合的环境。它能利用各种各样的有机基质作为反硝化过程中的电子供体。反硝化反应包括同化反硝化和异化反硝化。

同化反硝化按下述步骤完成：

$$NO_3^- \longrightarrow NO_2^- \longrightarrow X \longrightarrow NH_2OH \longrightarrow \text{有机氮（菌体组成）}$$

异化反硝化按下述二个步骤完成，第一步由硝酸盐转化为亚硝酸盐，第二步由亚硝酸盐转化为二氧化碳、氮气和无机盐。

$$6NO_3^- + 2CH_3OH \longrightarrow 6NO_2^- + 2CO_2 + 4H_2O$$

$$6NO_2^- + 3CH_3OH \longrightarrow 3N_2 + 3CO_2 + 3H_2O + 6OH^-$$

即：
$$6NO_3^- + 5CH_3OH \longrightarrow 5CO_2 + 3N_2 + 7H_2O + 6OH^-$$

在硝化反应过程中耗去的氧能被回收并重复利用到反硝化反应过程中，每还原 $1gNO_3^-$ 可提供 2.86g 氧，使有机基质氧化。反硝化过程还会产生碱度，可使硝化反应所耗去的碱度有所弥补。在反硝化阶段，不仅可使氮化合物被还原，而且还可使有机碳化物得到氧化分解。因此，反硝化作用将同时起到去碳、脱氮的效果。

③ 初期吸附及水解作用

由于活性污泥表面积很大（2000～10000m^2/m^3），又具有多糖类黏层。因此，与污水接触后几分钟内，污水中的悬浮物和胶体便被絮凝和吸附，该阶段称为第一阶段——吸附阶段。此时有机物（COD，更确切地说应该是 BOD）只是作为一种备用的食物来源被储存在微生物细胞表面。然后将大分子有机物如碳水化合物、蛋白质和脂肪等进行水解，把它们转化为小分子的简单化合物，进而进一步被微生物吸收、分解。一部分转化为无机物，如 CO_2、H_2O、NH_3 等；一部分被转化为微生物基质，使微生物得到繁殖，进入第二阶段——氧化分解阶段。

④ 有机物的分解、氧化

该阶段主要是活性污泥继续分解氧化在第一阶段吸附和吸收的有机物，同时也继续吸附在第一阶段未来得及吸附和吸收的残余物质，主要是溶解性物质。这个阶段进行得相当缓慢，比第一阶段所需的时间长的多。曝气池的大部分容积都用在有机物的氧化和微生物细胞质的合成上。

a. 好氧微生物生化反应过程：

有机碳的氧化：

$[C]$（有机碳）$+ O_2 +$ 微生物（酶）$\longrightarrow CO_2 + H_2O + Q$

有机胺的氧化：

$[N]$（有机胺）$+ O_2 +$ 微生物（酶）$\longrightarrow CO_2 + NH_3 + H_2O + Q$

有机硫或无机硫的氧化：

$[S]$（有机硫或无机硫）$+ O_2 +$ 微生物（酶）$\longrightarrow CO_2 + SO_2 + H_2O + Q$

上述三个过程的结果使污水中的有机物有机胺有机硫和无机硫得到处理，从而使污水得以净化。

b. 同化合成（细胞的增殖）

$[C]$（有机物）$+ O_2 +$ 微生物（酶）$\longrightarrow [C]$（增殖的微生物）

此过程使微生物得到繁殖，即使活性污泥得到增长。

c. 内源呼吸

微生物细胞在缺乏营养物质的条件时，为了获得其生存所需能量，要消耗一部分细胞原生质进行氧化，即内源呼吸：

$[C]$（微生物）$+ O_2 +$ 微生物（酶）$\longrightarrow CO_2 + NH_3 + H_2O + Q$

此过程使微生物的总量减少，即活性污泥的量减少。

⑤ 影响 SBR 工艺脱氮除磷的主要因素

a. COD 对除磷的影响

磷的去除主要取决于易生物降解的 COD 浓度，加 H_2SO_4 促进释磷，加 NaOH 促进摄磷，磷的释放量取决于进水中易生物降解的 COD 量，若进水中 COD 浓度不高，可在厌氧阶段人为投加易生物降解物质。

b. $NO_3 - N$ 对脱氮除磷的影响

厌氧阶段有 $NO_3 - N$ 存在时，由于发生反硝化，消耗 COD 而影响磷释放，反硝化速率较磷释放速率快。当厌氧混合液中 $NO_3 - N$ 浓度 $> 1.5 mg/L$，会使磷释放时间滞后，磷释放速率减缓，磷释放量减少，最终导致好氧除磷能力下降，降低进水前残留于 SBR 中的 $NO_3 - N$ 浓度，主要靠停止曝气后的缺氧运行。反硝化细菌利用好氧期贮存的碳源和水中残留 COD 将 $NO_3 - N$ 还原成 N_2 和 N_2O 从水中逸出，不仅对下一周期厌氧释磷有利，也直接提高氮的去除率，同时 COD 也得到进一步去除。在低负荷条件下，虽然 SBR 系统可去除约 90% 总氮，但反硝化作用有一定困难。为使 $NO_3 - N$ 去除完全，对反应阶段可作灵活的运行控制，如采取曝气一缺氧再曝气的运行方式，提高脱氮效率，减少下一周期厌氧阶段的 NO_3-N 含量。

c. 运行时间和 DO(溶解氧)的控制

各反应阶段的 DO 和运行时间，是 SBR 取得良好脱氮除磷的两个重要参数。厌氧情况下为满足释磷要求，DO 应控制在 $0.3\sim0.5mg/L$。

好氧环境：氧的供给主要满足有机物的好氧代谢，硝化菌利用氧将 NH_4-N 转化成 NO_x-N 去除水中氨态氮，同时满足摄磷菌摄磷过程所需的高氧环境。考虑三方面对氧的需求，DO 应控制在 $2.5mg/L$ 以上。好氧阶段，摄磷速率低于硝化速率，以摄磷反应来考虑曝气时间较合适。由于聚磷菌自身的群体性衰减死亡和溶解也可导致磷的释放，为避免活性污泥处于内源呼吸状态，曝气时间不宜过长。

缺氧环境：DO 在 $0.7mg/L$ 以下是反硝化脱氮的适宜条件，通常 SBR 在一周期内缺氧环境出现在停止曝气之后，反硝化细菌将好氧期间贮存的碳源释放，进行 SBR 特有的贮存性反硝化作用。沉淀和排水阶段仍处于缺氧状态，能使 NO_x-N 进一步去除，沉淀和排水时间控制在 2h 左右为宜，时间过长，DO < $0.5mg/L$，造成磷释放，使出水中含磷量增加，影响除磷效果。

(3) 流砂过滤器

流砂过滤器(图 5-26)基于逆流原理。待滤水通过设备上部的进水管再经中心管流到设备内底部，通过入流分配器而进入砂床底部，水流向上流过滤层而被净化，滤后水从设备上部出水口排出；夹带过滤杂质的砂粒从设备锥形底部通过空气提升泵被提升到设备顶部洗砂器；砂粒的清洗在空气提升泵提升过程中就已经开始：紊流混合作用使截流污物从砂粒中剥离下来；进入洗砂器的砂粒由于重力作用而向下自动返回砂床，同时，一股小流量的滤后水被引入洗砂器内并与向下运动的砂粒形成错流而起到清洗作用；清洗水也通过设在设备上部的清洗水出水口排出；被清洗后的砂粒返回砂床形成整个砂床的向下缓慢移动，从而构成流砂过滤器的原理。

图 5-26　流砂过滤器

流砂过滤器是一种均匀介质的接触式深层过滤器，而且，由于流砂过滤器没有可动部件、24h 连续工作不需停机反冲洗，因此，可有效并平稳保证过滤质量。

主要技术性能见表 5-22。

表 5 – 22　流砂过滤器性能指标（单台）

运行方式	重力流	运行方式	重力流
滤床形式	移动床	水流方向	向上流
反洗方式	连续压缩空气提升反洗	过滤速度	$10m^3/h$
接触时间	12min	水头损失	< 1.0m
压缩空气需求	$< 5 \times 10^5 Pa$（净化空气）	空气消耗量	140L/min
最大操作温度	60℃	最大运行重量	60t
排污水量	4% ~ 5%		

流砂过滤器材质指标如下：

底部锥型件：玻璃钢；

过滤器内组件：玻璃钢；

洗砂器：聚丙烯 PP – H；

内部管段及管件、安装件等：304SS 不锈钢；

顶部盖板：热镀锌钢和玻璃钢；

空气提砂泵：D – polyeten（耐磨硬塑胶）。

（4）监护池

来自过滤器过滤的水进入监护池，再根据水质情况决定直接排放或送回污水处理场循环处理。

2. 主要化学药剂原理和作用

污水场常用的药剂主要有：混凝剂、pH 值调整剂、营养剂等。

（1）混凝剂

在水处理中，能够使水中胶体微粒相互黏结和聚结的这类物质，称为混凝剂。混凝剂一般分为无机混凝剂和有机混凝剂。污水场使用的无机混凝剂——聚合铝（PAC）。

聚合铝（PAC）又称碱式氯化铝，分子式：$Al_n(OH)_m Cl_{3n-m}$。

作用机理：投入废水中聚合铝，首先水解产生正离子 Al^{3+} 和负离子 Cl^-。

$$AlCl_3 \longrightarrow Al^{3+} + 3Cl^-$$

Al^{3+} 是高价离子，增加水中离子浓度，在带电荷的胶体微粒吸引下，双电层被压缩，使带电胶体微粒趋向电中和，消除了静电斥力，降低悬浮物稳定性，经过相互碰撞，结合为较大的颗粒。Al^{3+} 水解最后生产胶体 $Al(OH)_3$。

$$Al^{3+} + 3H_2O \longrightarrow Al(OH)_3 + 3H^+$$

胶体 $Al(OH)_3$ 有长的条形结构，表面积大、活性高，能吸附水中悬浮颗粒，通过吸附架桥使呈分散状态的颗粒形成网状结构，成为粗大絮凝体（矾花），使悬浮物沉淀或浮于水面。

（2）pH 值调整剂

废水 pH 值调整方法一般有两种：一种利用酸碱废水相互中和，这是一种既简单又经济的方法；另一种是投药中和，通过向废水中投加酸碱液调节 pH 值，根据处理污水的性质和 SBR 反应池生化处理工艺对废水碱度的要求，污水场采用投加 NaOH 或 NaH-

CO_3 的方式调整 pH 值，通过与废水酸性物质中和降低废水酸度。反应式如下：

$$NaOH + HCl \longrightarrow NaCl + H_2O$$

$$NaOH + HNO_3 \longrightarrow NaNO_3 + H_2O$$

$$NaOH + H_2SO_4 \longrightarrow Na_2SO_4 + H_2O$$

（3）营养剂

微生物菌体中元素比例 C：N：P = 100：5：1。因为所处理污水中，其他元素含量较高，而微生物菌体营养元素 P 含量非常低，几乎接近于零，为了成功的利用生物法处理这些废水，必须使参与分解氧化有机物的微生物获得必要的营养，向废水中补充其所缺乏的营养物满足微生物生长的需要。污水场选用的营养剂为磷酸氢二钠 $Na_2HPO_4 \cdot 12H_2O$。

3. 技术特点

（1）根据清污分流的原则将污水分为生产污水和初期雨水两个系列合理调配进行处理。

（2）调节罐利用其本身的容积暂时储存超过后续工艺处理能力的部分污水，或利用罐内空余容积稀释高浓度污水，使后续处理工艺的水质、水量得到调节，保证操作的平稳。

（3）出水的水质指标实现监控。

（4）正常工况时，装置内无生产污水排放，污水处理场只需处理少量生活污水，但生化处理需要充分考虑初期雨水和检修污水，因此针对污水处理场来水的性质和特点，生化工艺采用批序式活性污泥法（SBR）。其操作程序是在一个反应器内依次完成进水、生化反应（曝气）、泥水沉淀分离、排放上清液（排水）和闲置 5 个基本过程，上述 5 个过程作为一个操作周期，这种操作周期周而复始进行。

（5）流砂过滤器的运行与洗砂同时进行，能够 24h 连续自动运行，无需停机反冲洗，利用空气泵提砂时松动、吹洗和滤后水洗砂的结构代替了传统大功率反冲洗系统，跑砂量极低。

二、工艺流程

由于污水处理场的来水均为间断流，考虑到检修污水及初期雨水水量较大，设置两个 $3000m^3$ 的调节罐分别储存检修污水及初期雨水。

正常工况时，装置内无生产污水排放，污水处理场只需处理少量生活污水，但生化处理需要充分考虑初期雨水和检修污水，因此针对污水处理场来水的性质和特点，生化工艺采用批序式活性污泥法（SBR）。本工程中设置两个 SBR 反应池，因此既可间歇进水也可连续进水，但在生化反应阶段宜不进水，从反应形式来看，曝气池内混合液为完全混合，曝气时间短且效率高，且可以保证出水水质。

经生化处理后的出水进入过滤提升水池后，经监测达到污水综合排放一级排放标准后可直接外排，否则需经过过滤器过滤后进入监护池，监测合格后外排，不合格则返回循环处理。

详细工艺流程见图 5 – 27。

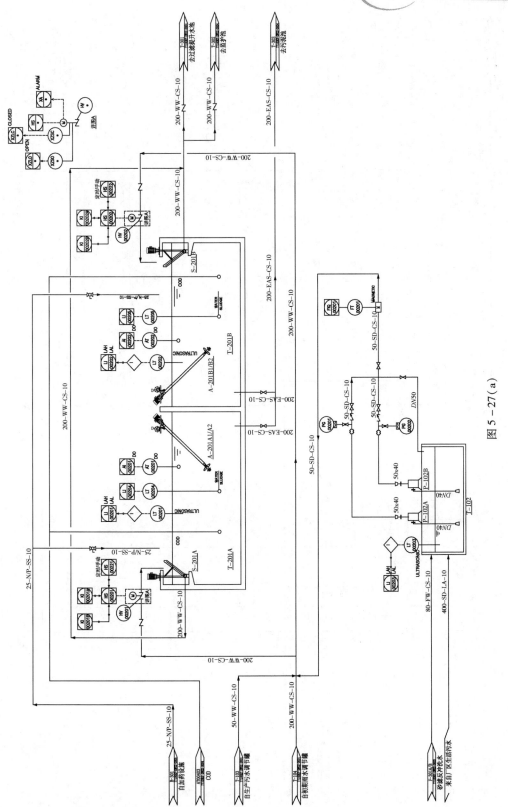

图 5－27(a)

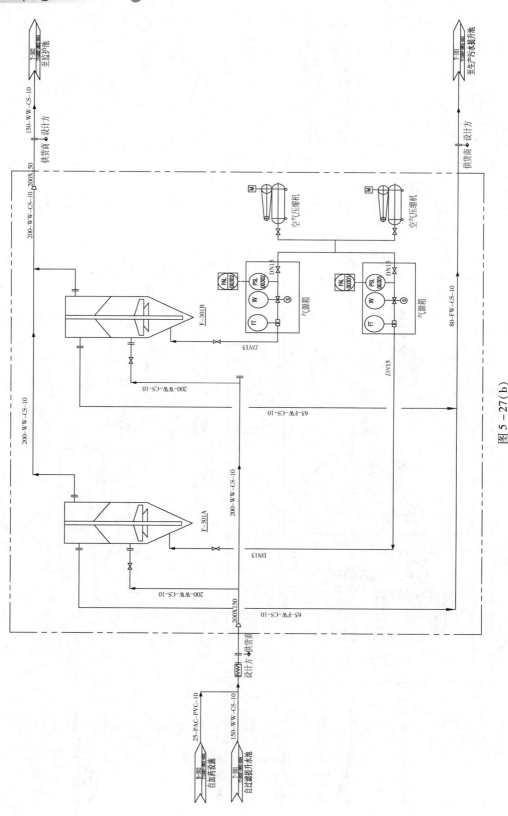

图 5 - 27（b）

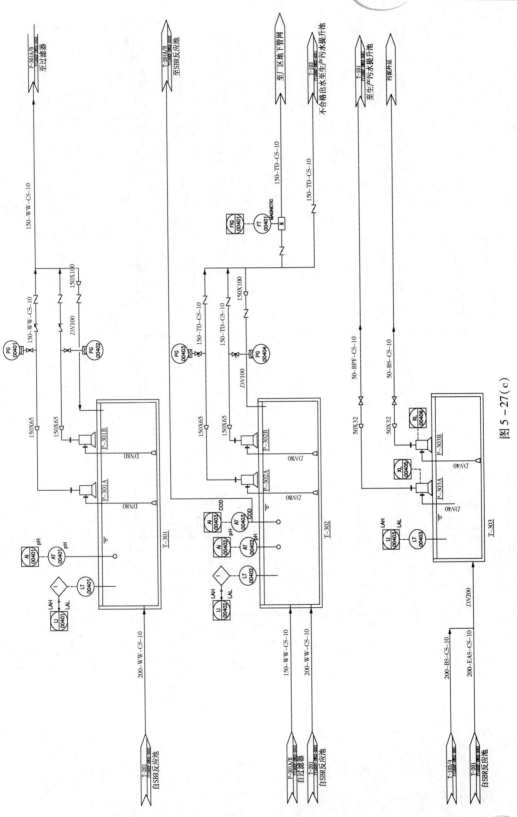

图 5 - 27（c）

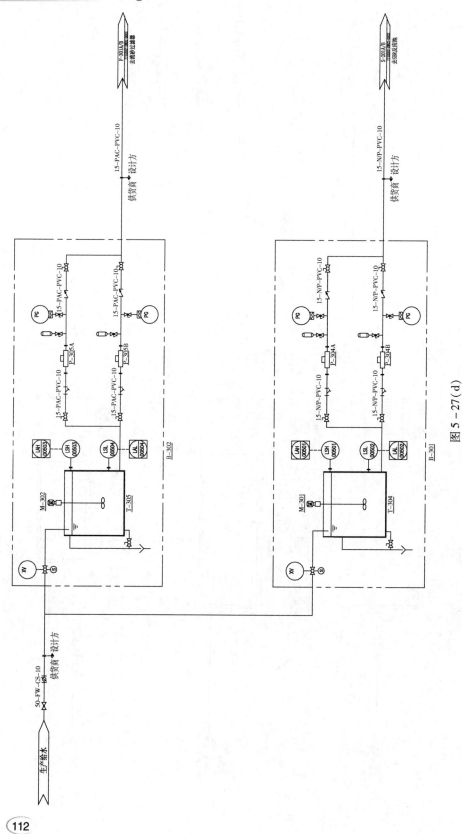

图 5 – 27（d）

三、工艺控制

1. 水量控制方案

（1）生产污水

来水量大时，相应地增大污水提升泵提升流量，若提升池液位仍持续上涨，增加储水罐容，延长调节时间。若调节罐液位还持续上涨，及时联系上游装置减少污水排放量。

来水量小时，相应地降低污水提升泵的提升流量，若调节罐液位仍持续下降，则引入初期雨水对污水进行调整。

（2）初期雨水

来水量大时，相应地降低雨水监控池提升泵流量，若提升池液位仍持续上涨，增加储水罐容，延长调节时间。若调节罐液位还持续上涨，停运雨水监控池提升泵。

来水量小时，相应地增大雨水监控池提升泵流量，若调节罐液位仍持续下降，起运备用雨水监控池提升泵增加流量。

2. 水质控制方案

（1）生产污水

来水污染物浓度高时，增大调节罐储存量。若处理水质负荷仍超过装置的运行负荷，可通过引入低污染物浓度的初期雨水进调节罐配水稀释，降低污水污染物浓度，若调节罐的调节手段仍达不到控制目标，则引入处理合格污水进行配水稀释。另可联系上游装置减少高浓度污水排放量或者联系调度将污水排入赵家坝污水站。

来水污染物浓度偏低时，相应地增大污水提升泵流量，加大生产污水处理量。

若处理污水超标，将不合格水回流至生产污水提升池进行再处理。

（2）初期雨水污水

来水污染物浓度高时，相应地降低污水流量，减轻污染物处理负荷。若此调节手段仍达不到控制目标，可联系上游装置停排或降低高浓度污水排放量。

来水污染物浓度偏低时，相应地增大雨水监控池提升泵流量。

若处理污水超标，将不合格水回流至生产污水提升池进行再处理或者联系调度另行处理。

四、主要工艺指标和技术经济指标

1. 物料平衡

（1）污水来源分布情况（表 5 – 23）

表 5 – 23　污水来源分布

序号	名称	生产污水	生活污水	初期雨水
1	工艺装置	1.5t/h		
2	综合楼及化验室		40m^3/d	

序号	名称	生产污水	生活污水	初期雨水
3	装置区			30t/h（最大7000t/次）
4	检修污水	2000t/次（最大）		

（2）设计污水水量平衡（图5-28）

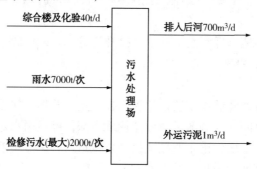

综合楼及化验40t/d → 污水处理场 → 排入后河700m³/d

雨水7000t/次 →

检修污水（最大）2000t/次 → 外运污泥1m³/d →

图5-28 水量平衡图

2. 主要技术经济指标（表5-24）

表5-24 主要技术经济指标

项目	单位	数量	备注	项目	单位	数量	备注
生产给水	m³/d	0~5		生活给水	m³/d	5	
耗电	kW·h/d	250		聚合铝	t/a	16	
磷酸二氢钠	t/a	0.5		氢氧化钠	t/a	8	
尿素	t/a	30					

3. 主要工艺指标

（1）生产污水系列水质（表5-25）

表5-25 生产污水系列水质

项目	单位	进水	SBR出水	监控池出水
pH值		6~9		6~9
石油类	mg/L			≤5
硫化物	mg/L	15		≤1
COD$_{cr}$	mg/L	3000		≤100
SS	mg/L	100~200		≤70
氨氮	mg/L	90		≤15
水温	℃	≤40		≤40

（2）生活污水系列水质（表5-26）

表 5 - 26　生活污水系列水质

项目	单位	进水	SBR 出水	监控池出水
pH		6 ~ 9		6 ~ 9
COD$_{Cr}$	mg/L	400		≤100
SS	mg/L	100 ~ 200		≤70
氨氮	mg/L	50		≤15
水温	℃	≤40		≤40

（3）初期雨水系列水质（表 5 - 27）

表 5 - 27　初期雨水系列水质

项目	单位	进水	SBR 出水	监控池出水
pH 值		6 ~ 9		6 ~ 9
石油类	mg/L			≤5
硫化物	mg/L	10		≤1
COD$_{Cr}$	mg/L	200 ~ 300		≤100
SS	mg/L	100 ~ 200		≤70
氨氮	mg/L	20		≤15
水温	℃	≤40		≤40

（4）主要工艺指标（表 5 - 28）

表 5 - 28　主要工艺指标

项目	单位	数量	备注
调节罐	m	4 ~ 14	
SBR 池有效水深	m	5	
污泥浓度	g/L	1.5 ~ 6	
曝气池溶解氧	mg/L	2 ~ 4	
污泥沉降比	%	30 ~ 50	
污泥指数		50 ~ 150	
BOD$_5$ 污泥负荷	kg/（kg·d）	0.15	
曝气池鼓风量	kgO$_2$/h	31.6	
监护池有效水深	m	4.5	
流砂过滤器进水 SS	mg/L	≤80	
流砂过滤器出水 SS	mg/L	≤50	
流砂过滤器处理量	m^3/h	40	单台
流砂过滤器滤料深度	m	2.0	单台
流砂过滤器过滤面积	m^2	6	单台
流砂过滤器空气耗量	L/min	140	单台
流砂过滤器气控压力	10^{5}Pa	<5	
流砂过滤器排污水量	%	4 ~ 5	单台

4. 公用工程指标（表5－29）

表5－29　公用工程指标

名称	项目	单位	指标
新鲜水	供水压力	MPa	0.4 ~ 0.5
净化风	压力	MPa	0.6 ~ 0.8
非净化风	压力	MPa	0.6 ~ 0.8

5. 分析化验指标（表5－30）

表5－30　分析化验一览表

序号	取样地点	分析介质	分析项目	控制指标	分析频率
1	污水调节罐出口	生产污水及雨水	pH	6 ~ 9	1 次/24h
			石油类		1 次/24h
			COD_{Cr}		1 次/24h
			$NH_3 - N$		1 次/24h
2	监控池出水	处理后的污水	pH	6.5 ~ 9	1 次/24h
			石油类	≤5mg/L	1 次/24h
			COD_{Cr}	≤70mg/L	1 次/24h
			$NH_3 - N$	≤15mg/L	1 次/24h
			悬浮物	≤50mg/L	1 次/24h
			挥发酚	0.5mg/L	1 次/24h
			硫化物	≤1mg/L	1 次/24h
			BOD_5		1 次/周
3	生产及生活污水提升池	污水	石油类		1 次/24h
			COD		1 次/24h
			$NH_3 - N$		1 次/24h
			悬浮物		1 次/24h
			硫化物		1 次/24h
4	SBR 反应池出水	污水	石油类	≤5mg/L	1 ~ 2 次/24h
			COD_{Cr}	≤100mg/L	1 ~ 2 次/24h
			$NH_3 - N$	≤15mg/L	1 ~ 2 次/24h
			悬浮物	≤70mg/L	1 ~ 2 次/24h
			挥发酚	0.5mg/L	1 ~ 2 次/24h
			硫化物	≤1mg/L	1 ~ 2 次/24h
			微生物镜检		1 次/24h

说明：以上化验分析项目及频次作为参考，在开工和生产过程中根据实际情况再进行调整。

五、主要原料及辅助材料

1. 主要原料

根据其来源和水质不同，可以分为以下排水系统：

（1）生产污水：主要指各装置的容器的冲洗水、机泵填料函排水、化验室污水等，经生产污水提升泵站加压后送往污水处理场，洗罐水重力流排入污水处理场。

（2）初期雨水：清洁雨水通过下水道送至雨水监控池，水质不达标时，经过初期雨水提升泵送往污水处理场。

（3）含硫污水：来自各净化装置排放的污水，压力流进入污水场。此部分污水的污染物浓度较高，应重点监控。

（4）污水：生产区厕所、中控室的生活污水，经污水泵提升，送往污水处理场生产污水处理系统。

2. 主要辅助材料

（1）无机混凝剂

聚合铝（PAC），也称：碱式氯化铝，$Al_n(OH)_mCl_{3n-m}$。是一种新型高效无机高分子混凝剂，相对分子质量大，吸附能力强，形成的絮凝体较大，沉淀性能好，pH 值范围为 5～9，受水温影响小，絮凝体成形快，活性好，用途广泛，不需加碱性助剂，如遇潮解，其效果不变，处理过的水中盐分少，能除去重金属及放射性物质对水的污染，有效成分高，便于储存、运输。

（2）营养剂

① 磷酸氢二钠，化学式：$Na_2HPO_4 \cdot 12H_2O$；相对分子质量：358.14。性状：白色或无色流砂粒状结晶体，在空气中易风化，溶于水，不溶于醇，水溶液呈弱碱 250℃分解成焦磷酸钠，相对密度 1.52，熔点 35.1℃。

② 尿素，化学式：CH_4N_2O；相对分子质量 60.06。性状：白色结晶。熔点 135℃；相对密度 1.323（20/4℃）。加热至熔点以上时分解成缩二脲、氯和三聚氰酸。1g 该品可溶于 10mL 95% 乙醇、1mL 95% 沸乙醇、20mL 无水乙醇、6mL 甲醇和 2mL 甘油。能溶于浓盐酸，几乎不溶于醚和氯仿。尿素是哺乳动物体内蛋白质代谢的最终产物。

六、主要设备及设计参数

1. 反应器类设备一览表（表 5-31）

表 5-31 反应器类设备一览表（1）

序号	装置	编号	尺寸/mm	单位	数量	介质	备注
1	生产污水提升池	T-101	6000×5000×5500	座	1	生产污水	
2	生活污水提升池	T-102	6000×5000×5500	座	1	生活污水	
3	过滤提升水池	T-301	6000×7000×5500	座	1	处理后污水	
4	监护池	T-302	6000×7000×5500	座	1	处理后污水	
5	污泥池	T-303	6000×3000×5500	座	1	污泥	
6	SBR 反应池	T-201A/B	10000×9000×6000	座	2	污水	

序号	装置	编号	尺寸/mm	单位	数量	介质	备注
7	机柜室		4500×6000	个	1		
8	配电间		9000×18000	个	1		
9	加药间		4500×6000	个	1		
10	微机监控室		4500×6000	个	1		
11	备品备件室		4500×3900	个	1		
12	N/P 盐溶药罐	T-304	ϕ1300×1300	个	1		
13	PAC 溶药罐	T-305	ϕ1300×1300	个	1		

表5-31 反应器类设备一览表(2)

序号	编号	名称	数量/台	规格型号	介质	温度/℃	压力/MPa	附属设备规格及型号
1	A-201A1/A2	曝气机	2	表明式曝气机,充氧量 = 15.8kgO₂/h,混合能力 = 8.7W/m³, P =7.5kW	污水	40	常压	含电控柜 p =7.5kW
2	A-201B1/B2	曝气机	2	表明式曝气机,充氧量 = 15.8kgO₂/h,混合能力 = 8.7W/m³, P =7.5kW	污水	40	常压	
3	S-201A/B	滗水器	2	XPS120,旋转式,120m³/h	污水	40	常压	含电控柜 0.55kW

表5-31 反应器类设备一览表(3)

序号	名称	位号	数量/台	操作介质	温度/℃ 设计	温度/℃ 操作	压力/MPa 设计	压力/MPa 操作	规格及内部结构(设备型式)
1	组合式加药装置 (WA-2V/1.0m³-6P/JX)	PA-701	1		50	≤50	常压	常压	包括溶药箱2台,加药泵4台以及加药装置内部管线。设备及管线
2	流砂过滤器	F-301A/B	2	污水	40	≤40	常压	常压	DS5000AD-HD 单格7340×4900 单台40m³/h

2. 容器类设备一览表(表5-32)

表5-32 容器类设备一览表

序号	名称	位号	数量/台	操作介质	温度/℃ 设计	温度/℃ 操作	压力/MPa 设计	压力/MPa 操作	规格及内部结构(设备型式)
1	雨水调节罐	T-104	1	雨水	50	40	常压	常压	ϕ15000×17820(立)
2	污水调节罐	T-103	1	污水	50	40	常压	常压	ϕ15000×17820(立)

3. 工艺设备(泵类)一览表(表5-33)

表 5 - 33 工艺设备（泵类）一览表

序号	名 称	位 号	数量/台		操作介质	操作条件					选用泵		原动机型号	备注
			操作	备用		流量 m³/h	温度 ℃	压力 MPa 进口	压力 MPa 出口		型号	需要轴功率 kW		
1	生产污水提升泵	P - 101A/B	1	1	生产污水	40	40	0.03	0.33			7.5	潜水电机	潜水泵
2	生活污水提升泵	P - 102A/B	1	1	生活污水	10	40	0.03	0.18			4	潜水电机	潜水泵
3	生产污水调节提升泵	P - 103A/B	1	1	生产污水	10	40	0.1	0.25		PAF100 - 250C	0.2	非防爆电机	离心泵
4	初期雨水调节罐提升泵	P - 104A/B	1	1	初期雨水	75	40	0.1	0.4		PAF100 - 250C	7.5	非防爆电机	离心泵
5	污水回注泵	P - 105A/B	1	1	污水	10	40	0.1	0.7		PAF100 - 250B	15	非防爆电机	离心泵
6	过滤提升	P - 301A/B	1	1	处理后污水	40	40	0.02	0.42		BWQ400 - 7 - 15	5.5	潜水电机	潜水泵
7	监护池出水泵	P - 302A/B	1	1	处理后水	40	40	0.02	0.42		80HLB - FX2	37	潜水电机	潜水泵
8	上清液提升泵	P - 303A/B	1	1	污水	10	40	0.06	0.26		40HLB - A1	3	非防爆电机	自吸泵
9	N/P盐加药泵	P - 304A/B	1	1		0.1	40				J2 - m100/0.4	0.55		计量泵
10	PAC加药泵	P - 305A/B	1	1		0.1	40				J2 - m100/0.4	0.55		计量泵
11	生产污水提升泵	753 - P - 101A/B	1	1	生产污水	20	40				50YDWN20 - 30	7.5	潜水电机	
12	生活污水提升泵	753 - P - 102A/B	1	1	生活污水	20	40				50YDMN20 - 30	7.5	潜水电机	
13	初期雨水监控池提升泵	754 - P - 101A/B	1	1	初期雨水	50	40				80YDWN50 - 30	11	潜水电机	

4. 工艺控制

污水处理场装置采用一套 PLC 系统来完成各种数据采集、过程监控、报警、记录、报表打印、流程图画面显示及系统自诊断等功能。本系统的控制特点主要是顺序控制，运行方式除由 PLC 按预定的程序实现外，在 PLC 内对程控阀、泵、风机设置软手动开关，进行手动控制；同时，对每个单元系统，在现场设"手/自动"切换开关，当开关置自动位置时，现场气动阀门由 PLC 系统控制，当开关置手动位置时，现场气动阀门可由操作工就地手动操作。PLC 接收来自污水处理场的温度、压力、液位、流量、可燃气体检测、有毒气体检测、机泵状态等信号，并将控制指令传送到装置中，对污水处理场进行集中控制和监测。大部分内操均集中在中心控制室内，根据生产需要，在污水处理场就地设岗满足日常操作。

（1）分析仪表（表 5 - 34）

表 5 - 34　分析仪表一览表

名称	介质			范围
DO 分析仪	SBR 反应池 A/B	AIO0201 AIO0202	污水	0 ~ 1500
pH 值分析仪	过滤提升池	AIO0401	污水	0 ~ 1500
	监护池	AIO0402	处理水	0 ~ 1500
COD 分析仪	监护池	AIO0403	处理水	0 ~ 1500

（2）流量仪表（表 5 - 35）

表 5 - 35　流量仪表一览表

安装部位	仪表位号	工艺介质	控制方式
生产污水罐提升泵出口	FIQ00101 FIQ00102	生产污水	DCS 显示
初期雨水罐提升泵出口	FIQ00103	雨水	DCS 显示
监控池提升泵出口	FIQ00401	处理后污水	DCS 显示
生活污水提升泵出口		生活污水	DCS 显示
污水回注泵出口		生产污水	DCS 显示

（3）液位仪表（表 5 - 36）

表 5 - 36　液位仪表一览表

工艺设备	设备编号	仪表位号	介质	控制方式
调节罐	T - 103	LIO0102	污水	DCS 显示
	T - 104	LII0103	污水	DCS 显示
污泥池	T - 303	LIO0403	污水	DCS 显示
监护池	T - 302	LIO0402	污水	DCS 显示
SBR 反应池	T - 201A	LIO0201 LIO0204	污水	DCS 显示
	T - 201B	LIO0202 LIO0205	污水	DCS 显示

工艺设备	设备编号	仪表位号	介质	控制方式
生活污水提升池	T－102	LI00203	污水	DCS 显示
过滤提升池	T－301	LI00401	污泥	DCS 显示
生产污水提升池	T－101	LI00101	污水	DCS 显示

（4）温度仪表（表 5－37）

表 5－37　温度仪表一览表

工艺设备	设备编号	仪表位号	介质	控制方式
调节罐	T－103	TI00101	污水	DCS 显示
	T－104	TI10102	污水	DCS 显示

七、危害识别及措施

主要危险品为硫化氢。

分子式：H_2S

相对分子质量：34.08

理化性质：无色有恶臭的气体。溶于水、乙醇。

接触限值：每立方米空气最多可允许含硫化氢 10mL，超过这个含量就会引起人体中毒。

侵入途径：吸入、经皮肤吸收。

健康危害：本品是强烈的神经毒物，对黏膜有强烈的刺激作用。高浓度时可直接抑制呼吸中枢，引起迅速窒息而死亡。当浓度为 70～150mg/m³ 时，可引起眼结膜炎、鼻炎、咽炎、气管炎；浓度为 700mg/m³ 时，可引起急性支气管炎和肺炎；浓度为 1000mg/m³ 以上时，可引起呼吸麻痹，迅速窒息而死亡。长期接触低浓度的硫化氢，引起神经衰弱及植物神经紊乱等症状。

八、"三废"

主要"三废"情况见表 5－38。

表 5－38　主要"三废"情况

主要排放部位	主要污染物	主要排放部位	主要污染物
调节罐	浮渣、泥沙	SBR 反应池	污泥

1. 危险源危害识别及处理措施

（1）噪声

危害识别：运行机泵等处。

处理措施：

① 进入现场操作时严格按规定着装，佩戴好劳动保护用品。

② 机组的噪声很大，要将耳塞按规定佩戴。

（2）硫化氢

危害识别：污水处理场存在硫化氢危害场所：调节罐、生产污水提升池、生活污水提升池、SBR反应池、污水池、污泥池、下水井、阀门井等低洼地区。

处理措施：

① 严格按规定，对员工进行安全教育，考核合格方能上岗。

② 加强对员工经常巡检区域的硫化氢的监测。

③ 对于泵房，必须安装通风设施。

④ 严格执行进容器、下井、进池等构筑物内作业票制度。

⑤ 对可能存在硫化氢的地方，安装硫化氢报警仪表。

⑥ 可能存在硫化氢场所，设立警示牌，并告知处理知识。

⑦ 在危险处作业，必须两人在场，一人作业、另一人监护，佩戴安全防护装备，站在上风口作业。

九、装置开停工安全环保操作

（1）新入厂人员必须经过三级安全教育方可进入岗位；操作人员必须掌握本岗位的安全规程和工艺操作规程，经考试合格，才能顶岗操作，特殊工种人员必须经地方政府劳动部门培训、考核，并取得安全操作证后方可上岗操作。

（2）全体员工都要牢记自己的安全职责，遵章守纪，尽职尽责，勤奋工作。

（3）坚持过一次的安全活动，认真学习关于安全生产的文件、指示、规章制度，总结安全经验，查找存在的事故隐患并积极整改，分析已发生事故的原因，吸取经验教训，提出防范措施。

（4）操作人员进入岗位，必须按规定着装，无关人员不准进入生产岗位。

（5）在岗操作员禁止饮酒，班前4h之内饮酒者严禁上岗。

（6）工作场所必须保证照明设施齐全完好，并保证有足够的亮度。

（7）工作场所的劳动防护设施必须加强维护管理，确保完好。

（8）工作场所的井、坑、孔、沟必须盖上坚固的盖板或设立永久性的围栏，在检维修中如需将围栏取下，必须设临时围栏，临时打的孔、洞施工中要设警告标志，施工结束后必须回复原状。

（9）所有楼梯、平台、空中通道都必须装设可靠的安全围栏，如检修期间须将围栏拆除，必须安装临时保护设施，并在检修后将围栏恢复。

（10）门口、通道、楼梯、平台等处，不准堆放物品、器材，以免阻碍通行。

（11）设备运转时，转动部位或其他危险部位，严禁触摸。

（12）设备运行时，严禁拆卸其配件。未办理安全作业票，严禁拆卸、检修备用设备。

（13）设备的零配件或安全附件，防护装置不齐全完好，严禁启动或使用。

（14）不允许对带压管线、容器和设备进行敲打、紧螺栓等作业，带压检修必须征得有关部门的批准。

（15）设备的开、停要加强联系，以免打乱其他岗位的操作，刚启运的设备，要特别加强检查维护。

（16）生产过程中严禁超温超压和大幅度波动。

（17）操作人员有权拒绝违章指令和禁止违章作业。

（18）当班操作员有权禁止非本岗位人员操作本岗位任何设备、阀门。管理人员上岗操作必须征得当班操作员同意。事故情况下来不及打招呼，操作后必须与当班人员交待清楚。

十、现场控制

1. 调节罐液位控制

调节罐的液位主要通过调整进出口流量来控制。调节罐液位过高会减少调节空间，不利于安全生产；过低则不利于 SBR 反应池正常工作。

控制范围：正常操作液位 4～8m；安全液位 3～14m。

相关参数：上游装置排放污水量、提升池污水流量和水质（生产污水、初期雨水）。

控制方式：正常操作时通过生产污水提升泵的出口阀或回流阀以及调节罐提升泵控制污水处理量，保持正常操作液位，储存盈余、补充短缺；达安全液位时联系上游装置调节各污水提升泵站至污水处理场污水流量。

2. 调节罐提升泵出口流量

综合考虑调节罐液位变化、污水污染物浓度变化及后续处理系统运行状况，通过调节提升泵出口流量，保持污水处理的连续性、稳定性，避免水质、水量大幅度波动。

控制范围：生产污水 0.5～10m³/h；雨水 30～70m³/h。

相关参数：污水水质、调节罐液位。

控制方式：通过污水提升泵的出口阀或回流阀及提升泵运行台数进行调节。

3. SBR 反应池 pH 值调节

为保证反硝化反应顺利进行，需控制 SBR 反应池 pH 值偏碱性。若原水碱度不足，需向池中投加 $NaHCO_3$ 或 NaOH 以保证混合液足够的碱度。

控制目标：pH 值在 6.5～9 范围内，保持进水有一定碱度。

控制范围：6.5～9。

相关参数：pH 值调整剂投加量、溶解氧、进水水质、进水水量污泥性状。

控制方式：主要通过调节来水 pH 值、氨氮含量、碱液投加量、溶解氧等方式控制曝气池 pH 值。

4. SBR 反应池污泥浓度控制

保持曝气池内一定污泥浓度能够在设计处理水量范围内有效的氧化分解污水中有机物，也使曝气设备能够满足污水生长。

控制范围：3000～4500mg/L。

相关参数：鼓风机供风量、营养剂投加量、水质、处理水量、溶解氧、污泥指数、污泥沉降比。

控制方式：根据进水的水质、流量，调整曝气池的溶解氧、pH 值及剩余污泥排放量，为活性污泥提供适合的生长环境，保持正常稳定的污泥浓度。

5. 污泥池泥位控制

定时排泥使沉淀污泥的停留时间正好等于这种污泥通过沉降达到最大浓度的时间，保证排泥时间短效率高。同时根据泥位的变化及时调整排泥周期，以保证出水水质达标。

控制范围：1~2m。

相关参数：絮凝剂投加浓度、进水量、污泥提升泵排量。

控制方式：在设计范围内控制合理处理水量，及时排出沉淀污泥，控制沉淀池泥层高度。

6. 监控池液位控制

及时根据处理污水水量变化调整提升泵排量，保持水池液位稳定。

控制范围：2~4.5m。

相关参数：处理水量、提升泵排量。

控制方式：根据液位变化调节提升泵输出流量或回流阀开度，保持提升泵连续运行。根据化验检测的水质情况，合格水排入后河，超标水回流再处理。

第六章　循环水系统

第一节　装置概况

一、装置简介

普光天然气净化厂循环水场设计规模 54139m³/h，选用 12 座 4500m³/h 逆流凉水塔。循环水系统分为两部分，第一系统循环水设计用量为正常 14846m³/h，最大用量 18573m³/h，设计规模 21750m³/h，选用 5 座 4500m³/h 逆流凉水塔，旁滤部分设置 4 台自动纤维过滤器；第二系统循环水设计用量为正常 20875m³/h，最大用量 26658m³/h，设计规模 32389m³/h，选用 7 座 4500m³/h 逆流凉水塔，旁滤部分设置 6 台自动纤维过滤器。第一、第二循系统各设置一套自动加药设施和一套水质监测 ECH－604I 智能监测换热器。其流程图和外置图见图 6－1、图 6－2。

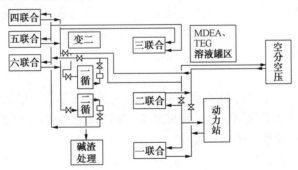

图 6－1　净化厂全厂循环水系统流程图

二、工艺原理

1. 循环水冷却

本装置采用的是敞开式循环冷却水系统，水的冷却主要在冷却塔内完成。循环水经过换热设备升温后返回至冷却塔与空气直接接触，在蒸发散热、接触散热和辐射散热三个过程的共同作用下得到冷却。

这三种散热过程在水冷却中所起的作用，随空气的物理性质不同而异。春、夏、秋三季内，室外气温较高，因此以蒸发散热为主，最炎热的夏季蒸发散热量可达总散热量的 90% 以上。在冬季，由于气温降低，接触散热的作用增大，从夏季的 10% ~ 20% 增加到 40% ~ 50%，严寒的天气甚至可增加到 70% 左右。

冷却塔由通风筒、配水系统、淋水装置、通风设备、收水器和集水池组成，其中淋水装置也称填料，是冷却设备中的一个关键部分，其作用是将需要冷却的热水多次溅散成水滴或形成水膜，以增加水和空气的热交换。冷却塔中水的冷却过程主要是在淋水装置中进行的。见图6-3。

图6-2　净化厂循环水场

图6-3　冷却塔

2. 循环水处理

循环水处理是用物理的或化学的方法，使循环水既不产生结垢，也不发生腐蚀，同时去除循环水中悬浮杂质，杀灭循环水中微生物，以保持整个循环水系统正常运行。

（1）阻垢处理

针对水垢形成的原因，在循环水处理工艺中，一方面通过排污或补加低硬度水降低成垢离子的浓度，使其保持在允许的浓度范围内以避免结垢。另一方面，通过投加阻垢剂，破坏结垢离子的结晶长大而达到阻垢的目的。

（2）缓蚀处理

在循环水系统中，主要是通过投加缓蚀剂在金属表面形成一层致密的保护膜以阻止电化学反应发生的方法来控制腐蚀，系统开工初期都要投加高浓度的缓蚀剂进行预膜，正常运行后按要求连续投加进行补膜。

（3）污垢、微生物的控制

循环水中悬浮物、浊度物质可通过旁滤处理进行去除，微生物可通过投加杀菌剂来得到控制，一般要求是两种以上的杀菌剂混合使用。

3. 主要化工原料

（1）缓蚀、阻垢剂

缓蚀剂又叫腐蚀抑制剂。凡是添加到腐蚀介质中能干扰腐蚀电化学作用，阻止或降低金属腐蚀速度的一类物质都称为缓蚀剂。其作用均是通过在金属表面上形成保护膜来防腐蚀的。

阻垢剂是能够控制产生水垢和污泥的水处理药剂。常将阻垢剂与缓蚀剂共同称为循环冷却水的水质稳定剂或缓蚀阻垢剂。

（2）杀菌灭藻剂

本装置采用化学杀生法来控制微生物的生长。按照杀生机制，杀生剂可分为氧化性杀生剂和非氧化性杀生剂。

氧化性杀生剂是具有氧化性质的杀生剂，通常是强氧化剂，能氧化微生物体内起代谢作用的酶，从而杀灭微生物。非氧化性杀生剂不以氧化作用杀死微生物，而是以致毒剂作用于微生物的特殊部位，以各种方式杀伤或抑制微生物。非氧化性杀生剂的杀生作用不受水中还原性物质的影响，一般对 pH 值的变化不敏感。循环水场的杀生一般以氧化性杀生剂为主，辅助使用非氧化性杀生剂。氧化性杀生剂其不足之处是在水中还原性物质含量多时药剂消耗量大、效率低。非氧化性杀生剂可以弥补氧化性杀生剂的不足，它对污垢的渗透及剥离作用也优于氯，一般与氧化性杀生剂配合使用。

三、技术特点

1. 净化水及锅炉排污水回用

为减少生产给水用量及污水排放量，节约用水，保护环境，循环水补充水部分采用酸性水汽提净化水和公用工程锅炉及净化装置余热锅炉排污水，其余用生产给水补充。

2. 冷却塔

本装置采用的是机械抽风逆流式冷却塔：

（1）风筒为动能回收型，能减少通风阻力，防止湿热空气回流。

（2）配套的风机运行监控装置，实时监控风机轴温及振动状况，与电气联锁，自动报警或停机。

（3）风筒、配水系统、填料、收水器等采用优质、高强度非金属材料，耐腐蚀，实现塔体低维修率的长周期运行。

（4）采用低压全管式配水系统，布水均匀、水滴细、冷却效果好，且管内不易生长藻类。

（5）采用高效低阻收水器，通风阻力小，收水率高，有效减少漂水损失，延长风机使用寿命。

3. 循环冷水泵

（1）循环冷水泵结构为单级双吸轴向中开蜗壳式离心泵。启动方式：抽真空启动。

（2）第一循环水和第二循环水各配备一台 $2500m^3/h$ 小泵，供开停工和调节水量时使用。

（3）循环冷水泵：752－P－101A/B/C、752－P－102A/B/C/D，七台为汽驱驱动，其余为电机驱动。

4. 高效纤维过滤器

采用高效自动纤维过滤器：循环冷水注入过滤器系统管路中，直接进入过滤器进行过滤，在过滤器内大的悬浮物被滤床所截留，降低水中的悬浮物和浊度。出水仍回到循环冷水池。

过滤器采用气水联合冲洗，反洗空气由 4 台罗茨风机提供，反洗水则利用循环冷水压力反洗。

系统的排污水排入循环水场内的高浓度污水池，自流排至污水处理场。

高效纤维过滤器(图6-4)内装有专用纤维滤料,正常运行时通过电动机将下孔板提升,将纤维层压实到所需要的压实厚度,循环水由设备下部进入穿过滤料层,再由设备顶部送出。

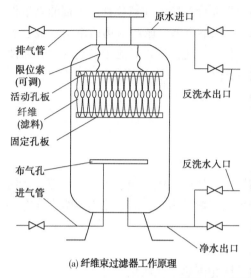
(a)纤维束过滤器工作原理

(b)纤维束过滤器外观

图6-4　纤维束过滤器工作原理

高效纤维过滤器正常运行前,根据用户对出水水质的要求,利用电动机将下孔板提升,将纤维层压实到所需要的压实厚度,就可进行正常运行。纤维层压缩的范围一般应小于700mm,即运行时,过滤层厚度不小于800mm,以保证出水水质。在掌握了运行特性后,再根据进水水质及出水要求,适当调整压缩距离,这样可减小设备的运行阻力。设备反洗时,为防止纤维被卡住活动多孔板,特别设置了一套收线网。为了提高反洗效果,设备下部设置了一套空气擦洗装置。

当高效纤维过滤器运行压差达到100kPa或出水水质达不到要求时,过滤器失效,需要进行反冲洗。反洗时开启电机将下孔板缓慢回落到给定位置,使纤维成拉直状态,用大流量水进行正洗、空气擦洗,直到纤维清洁为止。设备反洗时,为防止活动多孔板被纤维卡住,设置了收线网。

图6-5为旁滤器流程图。

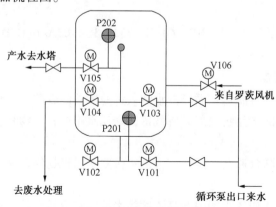

图6-5　旁滤器流程图

系统中高效纤维过滤器的运行、反洗等过程可以由 PLC 实现全自动操作。

运行及反洗时各阀门的运行状况见表 6-1。

表 6-1　运行及反洗时的各阀门运行状况

设备名	编号	工 作 状 态					
		运行	放空	空气擦洗 10min	气水混合擦洗 15min	反洗 10min	正洗
阀门	V101	开	关	关	开	关	开
阀门	V102	关	开	关	关	开	关
阀门	V103	关	关	关	关	开	关
阀门	V104	关	关	开	开	关	开
阀门	V105	开	关	关	关	关	关
阀门	V106	关	关	关	关	关	关
罗茨风机		关	关	开	开	关	关

5. 氧化性杀菌剂系统

自动投加杀菌剂系统主要包括加料斗、计量系统、自动控制及输送系统。在回水总管上设置余氯仪，由检测的余氯值控制氧化性杀菌剂的投加，使系统的余氯值保持在设定的范围内。

6. 非氧化性杀菌剂

每周冲击性投加一次，实际用量可根据运行后的水质情况加以调整。

7. 浓缩倍数

循环水浓缩倍数是指循环冷却水系统在运行过程中，由于水分蒸发、风吹损失等情况使循环水不断浓缩的倍率，它是衡量水质控制好坏的一个重要综合指标。浓缩倍数低，耗水量、排污量均大且水处理药剂的效能得不到充分发挥；浓缩倍数高可以减少水量，节约水处理费用；可是浓缩倍数过高，水的结垢倾向会增大，结垢控制及腐蚀控制的难度会增加，水处理药剂会失效，不利于微生物的控制，故循环水的浓缩倍数要有一个合理的控制指标。

8. 水力控制阀

本装置水泵的出口管道上，采用水力控制阀，在水泵启动时，阀门自动缓慢开启，水泵停机时，实现速闭、缓闭两个阶段的关闭，防止水锤并起到止回的作用。

第二节　工艺过程

一、工艺原则流程图

全厂循环水系统工艺原则流程图见图 6-6。

二、工艺过程说明

1. 冷水塔系统

经装置水冷器等换热设备换热后的压力循环热水由系统总管汇集后进入循环水场，

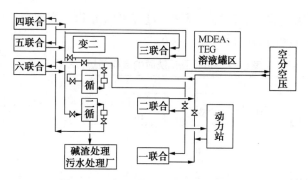

图 6-6　全厂循环水系统原则流程图

依靠余压分别上冷水塔进入冷水塔内的配水系统由喷头均匀冲在填料上，水自上而下通过填料层，溅落至冷水塔下水池经管道进入冷水池中，空气经风机抽送自下而上地在塔内流动，在塔内循环水与空气逆流而行，直接接触进行热交换，从而达到降低水温的目的。由于循环水系统在运行过程中会发生泄漏而使水质恶化，为此要控制好水质及浓缩倍数，故要及时排污，本装置根据设定的电导率值，实现自动排污，来保证循环水水质。

2. 循环冷水泵加压系统

循环压力热水经冷水塔冷却后的水从塔下水池经管道进入冷水池，然后经循环冷水泵加压后经冷水总管送往系统管网输送到各装置，循环使用。

3. 循环水补水系统

为减少生产给水用量，补充因蒸发、风吹、排污而损失的循环量，节约用水，保护环境，循环水场补充水部分采用酸性水汽提净化水和公用工程锅炉及净化装置余热锅炉排污水，其余用来自净化水场的生产给水通过电磁阀实现自动补水。生产给水管道具有输送全部补充水的能力，供开工及事故时使用。

4. 加药及投加杀菌剂系统

为了控制循环冷却水系统内由水质引起的结垢、污垢和腐蚀，保证设备的换热效率和使用年限，对循环水进行水处理。

为了防止微生物对循环水系统造成的不利影响，根据循环水回水总管的余氯值自动控制杀菌剂投加量，消毒灭菌。

为了保证循环水 pH 值控制，确保水质稳定效果，需适时根据 pH 值投加浓硫酸。

同时为了有效降低设备的腐蚀与结垢，在循环水系统开工以前，均进行水冲洗、化学清洗与预膜操作。

5. 旁滤及监测系统

为了降低循环水中的悬浮物和浊度，使循环水系统处于良好运行状态，采用自动纤维滤料过滤器，利用循环冷水的压力将原水注入过滤器系统管路中，直接对循环水量的 3% ~ 5% 进行旁滤，去除水中悬浮物，出水仍回到循环水冷水池。

过滤器采用气水联合冲洗，反洗空气由风机提供，反洗水则利用循环冷水压力反洗。

6. 污水排放系统

旁滤设备的反冲洗排水进入高浓度污水池，然后自流进入污水处理场进行处理；冷却塔水池放空等排水进入高浓度污水池也可切换至雨水系统。

第三节　工艺指标

一、循环水场耗电量(表6-2)

表6-2　循环水场耗电量一览表

序号	设备位号	机泵名称	规格	数量/台	单台额定功率/kW	备注
1		冷水塔风机	30ZNF6EP	12	185	
2	752-P-101D~G 752-P-102E~I	循环冷水泵	800S-55ATJ	9	832	
3	752-P-103/104	循环冷水泵	KS3168-48	2	410	
4	752-P-106A/B	水环真空泵	2BEA-153A-0	2	18.5	1用1备
5	752-P-105A/B/C	自流循环回用水提升泵	YA225M-4THW	3	37	2用1备
6	752-K-101A/B 752-K-102A/B	罗茨风机	150HB	4	37	两系统各2台

二、主要工艺指标

1. 循环水主要工艺操作指标(表6-3)

表6-3　循环水场主要工艺操作指标

操作项目		单位	操作指标	备注
循环冷水压力		MPa	0.40~0.50	
循环冷水温度		℃	≤33	
循环热水温度		℃	≤43	
加药系统	缓蚀阻垢剂加药量	kg/h	12	
	非氧化性杀菌剂加药量	kg/次	1125	
	氧化性杀菌剂加药量	kg/h	135	
	硫酸加药量	kg/h	107.665	
	反冲洗时间	min	5	
	纤维过滤器进出口压差	MPa	0.1	
	纤维过滤器反冲洗净化风压力	MPa	≥0.5	
	出水浊度	mg/L	≤2	

操 作 项 目		单 位	操作指标	备 注
监测换热器	冷却水流量	m^3/h	1.90 ~ 2.00	
	蒸汽压力(进换热腔)	MPa	0.10 ~ 0.11	
	蒸汽温度	℃	101 ~ 103	
	进口水温	℃	29 ~ 35	
	出口水温	℃	39 ~ 45	
循环冷水泵 752 – P101A ~ G 出口压力		MPa	0.4 ~ 0.5	
循环冷水泵 752 – P101A ~ C 透平蒸汽进口压力		MPa	3.3 ~ 3.8	
循环冷水泵 752 – P101A ~ C 透平蒸汽出口压力		MPa	0.3 ~ 0.5	
循环冷水泵 752 – P101A ~ C 透平蒸汽进口温度		℃	375 ~ 425	
循环冷水泵 752 – P102A ~ D 透平蒸汽进口压力		MPa	3.5	
循环冷水泵 752 – P102A ~ D 透平蒸汽出口压力		MPa	0.3 ~ 0.5	
循环冷水泵 752 – P102A ~ D 透平蒸汽进口温度		℃	375 ~ 425	
循环冷水泵 752 – P102A ~ I 出口压力		MPa	0.4 ~ 0.5	
循环冷水泵 752 – P103 出口压力		MPa	0.4 ~ 0.5	
循环冷水泵 752 – P104 出口压力		MPa	0.4 ~ 0.5	

2. 循环水水质指标(表6-4)

表6-4 循环水水质指标

序号	检测项目	单 位	控制指标	分析频次	备 注
1	pH		6.5 ~ 9.5	2 次/天	合格率≥95%，无严重超标
2	电导率	uS/cm	≤2000	1 次/天	合格率≥95%，无严重超标
3	总磷	mg/L	5.0 ~ 8.0mg/L	1 次/天	根据药剂配方而定
4	有机磷	mg/L	2.5 ~ 4.0mg/L	1 次/天	根据药剂配方而定
5	硫化物	mg/L	≤0.1	1 次/天	
6	钙硬度	mg/L	/	1 次/天	
7	总碱度	mg/L	/	1 次/天	
8	钙硬 + 总碱	mg/L	Ⅰ循：500 ~ 1000 Ⅱ循：300 ~ 900	1 次/天	合格率≥95%，无严重超标
9	浊度	NTU	≤20	1 次/天	合格率≥95%，无严重超标
10	总铁	mg/L	≤1.0	1 次/天	合格率≥90%，无严重超标
11	氯离子	mg/L	≤300	1 次/天	合格率≥95%，无严重超标
12	游离氯	mg/L	0.2 ~ 1.0	2 次/天	合格率≥95%，无严重超标
13	浓缩倍数		2.5 ~ 5	1 次/天	
14	氨氮	mg/L	≤10	1 次/天	
15	COD_{Cr}	mg/L	≤100	1 次/天	

续表

序号	检测项目	单位	控制指标	分析频次	备 注
16	异养菌总数	个/mL	$\leqslant 1.0 \times 10^5$	1次/周	合格率≥95%，无严重超标
17	悬浮物	mg/L	≤10	1次/周	
18	油含量	mg/L	≤5	1次/周	
19	挂片腐蚀率	mm/a	≤0.075	1次/月	合格率≥95%，无明显点蚀
20	试管腐蚀率	mm/a	≤0.075	1次/月	合格率≥95%，无明显点蚀
21	试管黏附速率	mg/(cm²·月)	≤20	1次/月	合格率≥95%
22	试管污垢热阻	m²·K/W	$\leqslant 3.44 \times 10^{-4}$	1次/月	合格率≥95%，无严重超标
23	生物粘泥量	mL/m³	≤2	1次/周	合格率≥95%

3. 公用工程指标 (表6-5)

表6-5 公用工程指标

名 称	项 目	单 位	指 标
循环给水	压力	MPa	0.4~0.5
	温度	℃	≤33

4. 分析化验项目一览表 (表6-6)

表6-6 外供循环水分析化验项目一览表

序号	检测项目	单位	控制指标	分析频次	备 注
1	pH		6.5~9.5	2次/天	合格率≥95%，无严重超标
2	电导率	μS/cm	≤2000	1次/天	合格率≥95%，无严重超标
3	总磷	mg/L	5.0~8.0mg/L	1次/天	根据药剂配方而定
4	有机磷	mg/L	2.5~4.0mg/L	1次/天	根据药剂配方而定
5	硫化物	mg/L	≤0.1	1次/天	
6	钙硬度	mg/L	/	1次/天	
7	总碱度	mg/L	/	1次/天	
8	钙硬+总碱	mg/L	I循：500~1000 II循：300~900	1次/天	合格率≥95%，无严重超标
9	浊度	NTU	≤20	1次/天	合格率≥95%，无严重超标
10	总铁	mg/L	≤1.0	1次/天	合格率≥90%，无严重超标
11	氯离子	mg/L	≤300	1次/天	合格率≥95%，无严重超标
12	游离氯	mg/L	0.2~1.0	2次/天	合格率≥95%，无严重超标
13	浓缩倍数		2.5~5	1次/天	
14	氨氮	mg/L	≤10	1次/天	
15	COD_{Cr}	mg/L	≤100	1次/天	

序号	检测项目	单 位	控制指标	分析频次	备 注
16	异养菌总数	个/mL	$\leq 1.0 \times 10^5$	1次/周	合格率≥95%，无严重超标
17	悬浮物	mg/L	≤ 10	1次/周	
18	油含量	mg/L	≤ 5	1次/周	
19	挂片腐蚀率	mm/a	≤ 0.075	1次/月	合格率≥95%，无明显点蚀
20	试管腐蚀率	mm/a	≤ 0.075	1次/月	合格率≥95%，无明显点蚀
21	试管黏附速率	mg/(cm²·月)	≤ 20	1次/月	合格率≥95%
22	试管污垢热阻	m²·K/W	$\leq 3.44 \times 10^{-4}$	1次/月	合格率≥95%，无严重超标
23	生物粘泥量	mL/m³	≤ 2	1次/周	合格率≥95%

5. 循环水补水分析化验项目一览表(表6-7)

表6-7　循环水补水分析化验项目一览表

项 目	控制指标	生产给水	锅炉回用水	汽提后净化水	动力站排污水	1联合锅炉排污水
pH	6.5~9.0	1次/周	1次/周	1次/周	1次/周	1次/周
浊度	≤10NTU	引用净化水场分析数据	1次/周	1次/周	1次/周	1次/周
电导率	≤1200μS/cm	1次/周	1次/周	1次/周	1次/周	1次/周
总硬	/	1次/周	1次/周	/	1次/周	1次/周
钙硬	50~300mg/L	1次/周	1次/周	/	1次/周	1次/周
总碱	50~300mg/L	1次/周	1次/周	/	1次/周	1次/周
总磷	/	/	1次/周	/	1次/周	/
无机磷	/	/	1次/周	/	1次/周	/
总铁	≤0.5mg/L	1次/周	1次/周	1次/周	/	/
氯离子	≤200mg/L	1次/周	1次/周	/	/	1次/周
硫酸根	≤300mg/L	1次/周	1次/周	/	/	1次/周
COD$_{Cr}$	≤60mg/L	/	1次/周	1次/周	/	1次/周
氨氮	≤10mg/L	/	1次/周	1次/周	/	1次/周
硫化物	≤0.1mg/L	/	/	1次/周	/	/

注：以上化验分析项目及频次作为参考，在开工和生产过程中根据实际情况再进行调整。

第四节　原料辅料

一、生产给水水质

应符合国家 GB/T 19923—2005《工业用水标准》，参见表6-8。

表 6 - 8　再生水用作工业用水水源的水质标准

序号	控制项目	冷却用水	
		直流冷却水	敞开式循环冷却水系统补充水
1	pH	6. 5 ~ 9. 0	6. 5 ~ 8. 5
2	悬浮物(SS)/(mg/L) ≤	30	—
3	浊度(NTU) ≤	—	5
4	色度(度) ≤	30	30
5	生化需氧量(BOD$_5$)/(mg/L) ≤	30	10
6	化学需氧量(COD$_{Cr}$)/(mg/L) ≤	—	60
7	铁/(mg/L) ≤	—	0. 3
8	锰/(mg/L) ≤	—	0. 1
9	氯离子/(mg/L) ≤	250	250
10	二氧化硅/(SiO$_2$) ≤	50	50
11	总硬度(以 CaCO$_3$ 计)/(mg/L) ≤	450	450
12	总碱度(以 CaCO$_3$ 计)/(mg/L) ≤	350	350
13	硫酸盐/(mg/L) ≤	600	250
14	氨氮(以 N 计)/(mg/L) ≤	—	10[①]
15	总磷(以 P 计)/(mg/L) ≤	—	1
16	溶解性总固体/(mg/L) ≤	1000	1000
17	石油类/(mg/L) ≤	—	1
18	阴离子表面活性剂/(mg/L) ≤	—	0. 5
19	余氯[②]/(mg/L) ≥	0. 05	0. 05
20	粪大肠菌群/(个/L) ≤	2000	2000

注：① 当敞开式循环冷却水系统换热器为铜质时，循环冷却系统中循环水的氨氮指标应小于1mg/L。

　　② 加氯消毒时管末梢值。

二、酸水汽提单元处理过的净化水

应满足表 6 - 9 所要求的水质标准。

表 6 - 9　酸水汽提净化水水质要求

序号	项目	单位	指标
1	pH		6. 5 ~ 9
2	悬浮物	mg/L	≤10
3	浊度	NUT	≤10
4	生物需氧量 BOD$_5$	mg/L	≤10
5	化学需氧量 COD	mg/L	≤50
6	含油量	mg/L	≤5

序号	项 目	单 位	指 标
7	氨氮	mg/L	≤5
8	电导率	μS/cm	≤1500
9	钙硬度(以 $CaCO_3$ 计)	mg/L	<300
10	总碱度(以 $CaCO_3$ 计)	mg/L	<300
11	钙硬度 + 总碱度(以 $CaCO_3$ 计)	mg/L	<300
12	氯离子	mg/L	≤250
13	硫酸盐(以 SO_4^{2-} 计)	mg/L	≤300
14	锰	mg/L	≤0.2
15	铁	mg/L	≤0.5
16	总磷(以 P 计)	mg/L	≤2
17	可溶性固体	mg/L	≤1000
18	游离性余氯	mg/L	≤0.5
19	酚	mg/L	≤1.0
20	异养菌	Count/mL	100
21	硫化物	mg/L	≤0.1

第五节 工 艺 控 制

1. 循环冷水压力调整

循环冷水压力控制在 0.40~0.50MPa，通过调节循环冷水泵的运行台数来实现。

2. 循环冷水温度调整

循环冷水温度控制≯33℃，一般情况下，通过运行风机台数来调节。

3. 循环水水质调整

依据循环水水质控制指标，通过投加一定量的化学药剂实现水质稳定处理目的。

第六节 主 要 设 备

一、塔类设备一览表(表 6－10)

表 6－10 塔类设备一览表

序号	编号	名称	数量/台	尺寸	操作介质	温度/℃		压力/MPa		单塔设计处理量	配套设备	
						设计	操作	设计	操作		风机型号	电机功率
1	752 － PA01	冷却塔	15	18×18	循环热水		43		常压	4500 m^3/h	30ZNF6EP	185kW

二、容器类设备一览表（表6-11）

表6-11 容器类设备一览表

工艺设备表												
序号	编号	名称	数量/台	操作介质	温度/℃		压力/MPa		设备规格及型式	主体材料	流量/(m³/h)	配套风机	
					设计	操作	设计	操作				型号	数量
1	752-PA02	过滤器	10	循环冷水	50	5~50	0.6	≤0.5	DN2500 YHGQ-25-0	碳钢	210	SSR-150HB	4

三、机泵一览表（表6-12）

表6-12 机泵一览表

序号	编号	名称	数量		操作介质	操作条件			轴功率/kW	配套原电机
			操作	备用		流量/(m³/h)	温度/℃	出口压力/MPa		
1	752-P101 A/BC	循环冷水泵	3		循环冷水	5500	33	0.5	832	汽轮机驱动
2	752-P-101 D/E/F/G	循环冷水泵	2	2	循环冷水	5500	33	0.5	832	电机驱动
3	752-P-102 A/B/C/D	循环冷水泵	4		循环冷水	5500	33	0.5	832	汽轮机驱动
4	752-P-102 E/F/G/H/I	循环冷水泵	3	2	循环冷水	5500	33	0.5	832	电机驱动
5	752-P-103	循环冷水泵	1		循环冷水	2500	33	0.5	410	电机驱动
6	752-P-104	循环冷水泵	1		循环冷水	2500	33	0.5	410	电机驱动
7	752-P-105 A/B/C	自流循环水提升泵	2	1	锅炉凝结水	200	常温	0.3	37	电机驱动
8	752-P-106A/B	真空泵	1	1	空气		常温	-33kPa	18.5	电机驱动
9	752-K-101A/B 752-K-102A/B	罗茨风机	2	2	空气	24.1 Nm³/min	常温	68.6kPa	37	电机驱动

四、加药系统设备一览表(表6-13)

表6-13　加药系统机泵一览表

序号	名　　称	规格型号	数量/台		操作介质	操作条件			备注
			操作	备用		流量/(m³/h)	温度/℃	压力/MPa	
1	缓蚀阻垢剂泵	GM0005	4	2	缓蚀阻垢剂	4.5L/h		1.2	一二
2	非氧化性杀菌剂泵	SZB075	4	2	非氧化性杀菌剂	2		0.2	一二
3	氧化性杀菌剂泵	GM0050	4	2	氧化性杀菌剂			1.0	一二
4	氧化性杀菌剂输送泵	SZB020	4	2	氧化性杀菌剂	2		1.2	一二
5	硫酸加药泵	GM0050	4	2	硫酸			1.0	一二
6	硫酸输送泵	ASB-5	2	2	硫酸	5		1.0	一二

五、加药系统容器类设备一览表(表6-14)

表6-14　加药系统容器类设备一览表

序号	名　　称	规格型号/m³	数量/台	操作介质	主体材质	操作条件		备注
						温度/℃	压力/MPa	
1	缓蚀阻垢剂计量罐	1	4	缓蚀阻垢剂	SS304衬PE	常温	常压	一二
2	非氧化性杀菌剂计量罐	1	4	非氧化性杀菌剂	SS304衬PE	常温	常压	一二
3	氧化性杀菌剂计量罐	1	4	氧化性杀菌剂	SS304衬PE	常温	常压	一二
4	硫酸计量罐	1	4	硫酸	SS304衬PE	常温	常压	一二
5	硫酸储存罐	10	2	硫酸	Q235B	常温	常压	一二
6	监测换热器		2	循环水/蒸汽		103	0.5	一二

第七节　危害识别与处置

一、缓蚀阻垢剂

为有机磷酸盐加锌盐加水磺酸共聚物的水溶液;
理化特性:呈强酸性,pH<2;
健康危险:对皮肤、眼睛有刺激作用,毒副作用较小;
爆炸危险:无爆炸性,不可燃,挥发性较小;
防护措施:投加时,应戴好防护手套与防护镜。

二、非氧化性杀菌剂

为季铵盐、戊二醛、异噻唑磷酮等的水溶液；

理化特性：pH 为 6 ~ 8；

健康危险：有一定的毒副作用；

爆炸危险：不可燃；

防护措施：投加时戴好浸胶防护手套。

三、氧化性杀菌剂（优氯净）

理化特性：易溶于水，具有高效、快速、广谱、安全等特点，有极强的杀菌作用，在 20ppm 时，杀菌率达到 99%。性能稳定，干燥条件下保存半年内有效氯下降不超过 1%。

健康危险：本品对皮肤和眼睛有刺激性。

爆炸危险：在 120℃以下存放不会变质，不会燃烧。

防护措施：操作时应配备防护眼镜和浸胶手套。

第七章 化学水系统

第一节 装置概况

一、装置简介

普光天然气净化厂水处理站根据原水水质资料，选用一级过滤、两级离子交换除盐工艺（即：预处理采用活性炭过滤；一级除盐采用阴、阳双室浮床 + 除碳工艺；二级除盐采用混床），设计处理量为400t/h，最大为750t/h。其中，除盐水与处理后的凝结水混合后外供，以满足锅炉给水和全厂其他生产装置对除盐水的需求。

本工艺由预处理系统、除盐系统、酸碱再生系统、废水中和系统及自动加氨系统五部分组成。装置设计年运行时间8000h。

除盐水工艺流程见图7-1。

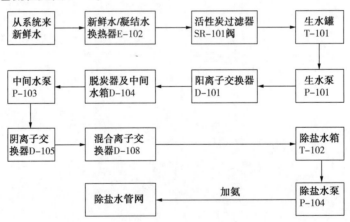

图7-1 除盐水工艺流程图

二、工艺原理

1. 离子交换原理

离子交换是一种特殊的固体吸附过程，吸附剂即为离子交换树脂，它能够从水中吸取阳离子或阴离子，而把自身所含的另一种带相同电荷的离子等量地交换出来，并释放到溶液中去。水处理阴、阳树脂分别采用 OH 型和 H 型交换树脂，这样离子交换置换下来的 OH⁻ 和 H⁺ 在水中结合成水，因此，交换过程不会发生其他离子进入水中的现象，确保出水水质。离子交换，就是水中的离子和离子交换树脂上的离子所进行的等电荷反应。

离子交换的反应过程可用 H 型阳离子交换树脂 HR、OH 型阴离子交换树脂 R/OH 和水中 Na^+（Ca^{2+}、Mg^{2+}）、Cl^-（$HSiO_3^-$、SO_4^{2-}、CO_3^{2-}）交换反应过程为例，如下：

$$\left\{\begin{array}{l} Ca^{2+} \\ Mg^{2+} \\ 2Na^+ \end{array}\right. +2RH \rightleftharpoons 2R\left\{\begin{array}{l} Ca \\ Mg \\ 2Na \end{array}\right. +2H^+$$

水中阳离子　　　　阳树脂　　　　　失效阳树脂

$$2HSiO_3^- \left\{\begin{array}{l} SO_4^{2-} \\ CO_3^{2-} \end{array}\right. +2R'OH \rightleftharpoons \left\{\begin{array}{l} 2R'SO_4 +2OH^- \\ CO_3 \end{array}\right.$$

水中阴离子　　　　阴树脂　　　　　失效阴树脂

$$H^+ + OH^- \rightleftharpoons H_2O$$

从上式可知：在离子交换反应中，水中的阴、阳离子（如 Cl^-、$HSiO_3^-$、HCO_3^-、SO_4^{2-}、CO_3^{2-}、Na^+、Ca^{2+}、Mg^{2+}）被转移到树脂上去了，而离子交换树脂上的一个可交换的 OH^-、H^+ 转入水中。阴、阳离子从水中转移到树脂上的过程是离子的置换过程。而树脂上的 OH^-、H^+ 交换到水中的过程称游离过程。因此，由于置换和游离过程的结果，使得 Na^+（Ca^{2+}、Mg^{2+}）与 H^+、Cl^-（$HSiO_3^-$、HCO_3^-、SO_4^{2-}、CO_3^{2-}）与 OH^- 互换位置，这一变化，就称为离子交换。

2. 除二氧化碳器的工作原理

原水经过 H 型阳离子树脂交换后，水中的阳离子几乎都变成了 H^+ 离子，pH 值明显降低，水中的碳酸平衡向生成 CO_2 方向移动。

$$H^+ + HCO_3^- \rightleftharpoons H_2O + CO_2$$

这样就产生了大量游离的 CO_2，CO_2 容易腐蚀金属，并且在除盐系统中会增加阴树脂的负担，因此在离子交换中要去除游离 CO_2。除碳器是根据气体分压定律和亨利定律的原理，将空气用鼓风机从下部引入，含有 CO_2 的水从上部淋下，空气和水对流接触，由于填料把水分散成极薄的水膜，增加了水与空气的接触面积，气流越往上走含 CO_2 越多，最后由除 CO_2 器顶部排出，水越往下流含 CO_2 越少，最终水残留 CO_2 可达到 5mg/L 左右。

3. 加氨工作原理及目的

氨能与碳酸生成碳酸铵，过量的氨会提高水的 pH 值，从而防止水中游离的二氧化碳对给水管道及热力设备造成腐蚀。

$$NH_3 + H_2O \longrightarrow NH_4OH$$
$$NH_4OH + H_2CO_3 \longrightarrow NH_4HCO_3 + H_2O$$
$$NH_4HCO_3 + NH_4OH \longrightarrow (NH_4)_2CO_3 + H_2O$$

4. 盐酸溶液的使用原理及目的

盐酸溶液主要用于再生阳离子交换树脂和调节中和池 pH 值。

在阳离子树脂交换过程中，当处理后的水中出现了钠离子，使酸度降低或硬度增高，而且超过了标准时，则证明此氢型离子交换树脂已经失效，为了恢复其交换能力，就需要对此树脂进行再生。

阳树脂再生过程，就是使盐酸溶液通过失效的树脂层，H^+与阳树脂上吸附着的其他阳离子发生交换反应，将阳树脂上的阳离子置换到溶液中，同时H^+被阳树脂所吸附，便重新恢复了树脂的交换能力。再生过程之所以能够进行，是因为再生酸液浓度较高，再生反应中反应物的化学位高于氢型树脂离子交换反应中反应物的化学位，使如下化学平衡向右边移动。

$$2R\begin{cases}Ca\\Mg\\2Na\end{cases}+2H^+ \rightleftharpoons 2HR+\begin{cases}Ca^{2+}\\Mg^{2+}\\2Na^+\end{cases}$$

失效阳树脂　　　　　　　氢氧型树脂

5. 氢氧化钠溶液的使用原理及目的

氢氧化钠主要用于再生阴离子交换树脂与调节中和池 pH 值。

在氢氧根离子交换过程中，当处理后的水中出现了硅离子，使电导升高而且超过了标准时，则证明此氢氧根型离子交换树脂已经失效，为了恢复其交换能力，就需要对此树脂进行再生。

阴树脂再生过程，就是使碱溶液（NaOH）通过失效的树脂层，OH^-与阴树脂上吸附着的其他阴离子发生交换反应，将阴树脂上的阴离子置换到溶液中，同时OH^-被阴树脂所吸附，又恢复了树脂的交换能力。再生过程之所以能够进行，是因为再生碱液浓度较高，再生反应物的化学位高于氢氧型树脂离子交换反应物的化学位，使如下化学平衡向右边移动。

$$2R'\begin{cases}2HSiO_3\\2Cl\\CO_3\end{cases}+2OH^- \rightleftharpoons 2R'OH+\begin{cases}2HSiO_3^-\\2Cl^-\\CO_3^{2-}\end{cases}$$

失效阴树脂　　　　　　　氢氧型树脂

三、技术特点

（1）水处理站和凝结水站的设备布置统一考虑，减少占地；共用酸、碱再生与废水中和系统，同时水处理站的生水与凝结水站的凝结水换热，合理利用能量。

（2）一级除盐系统按单元制设计。各单元的阳床和相对应的阴床同时运行、同步再生，再生时阳床排出的酸性废水和阴床排出的碱性废水同时进入中和池（等当量）自动中和。

（3）公用辅助系统。合理使用投资，便于运行、管理和维护。

第二节　工艺过程

化学水工艺流程方框图见图 7-2，具体如下：

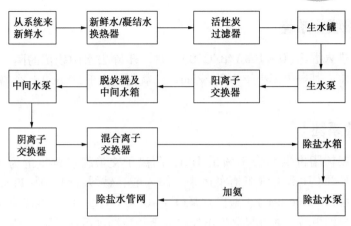

图 7 – 2　化学水系统工艺流程方框图

一、预处理系统

原水经凝结水/新鲜水换热器(E – 102A/B/C)换热后进入活性炭过滤器(SR – 101A/B ~/H),活性炭过滤器内部装有椰壳净水活性炭,可去除水中有机物和游离氯。活性炭填装高度约 2000mm。水由设备上部进入穿过滤料层,再由设备下部送出,进入生水罐(T – 101)。当活性炭过滤器达到设定的运行压差、周期制水量及运行时间中的任何一个时,过滤器需要进行反冲洗,反冲洗水来自生水罐。系统中所有活性炭过滤器的运行、反洗等过程由可编过程控制系统(PLC)实现全自动操作。活性炭过滤系统采用母管制。

二、一级脱盐水系统

预处理后的水经生水泵(P – 101A/B/C/D)升压后进入阳双室浮动床(D – 101A/B/C/D)底部入口,水由下至上运行。阳双室浮动床下室装有 D113 – ⅢFC 大孔弱酸性丙烯酸系阳树脂,可除去水中 90% 的暂时硬度。下室出水由设备内直接进入上室。阳双室浮动床上室装有 001X7FC 强酸性苯乙烯系阳树脂,可以将水中余下的 10% 暂时硬度和其他大部分阳离子去除。

阳床出水进入对应的除二氧化碳器,水中的 CO_2 被除二氧化碳器风机的鼓风空气带走。经除 CO_2 后的水残留 CO_2 浓度小于 5ppm。

除二氧化碳器出水进入中间水箱,再通过中间水泵送至阴双室浮动床(D – 105A/B/C/D)底部入口,水由下至上运行。阴双室浮动床下室装有 D301 – ⅢFC 大孔弱碱性苯乙烯系阴树脂,除去水中强酸阴离子。下室出水由设备内直接进入上室。阴双室浮动床上室装有强碱性苯乙烯系阴树脂 201X7FC,可以除去水中余下的强酸阴离子和弱酸阴离子。阴床出水即为一级脱盐水(其电导率小于 $10\mu S/cm$、二氧化硅小于 $100\mu g/L$)。

考虑到双室浮动床的运行特点,一级脱盐水系统按单元制设计。各单元的阳床和相对应的阴床同时运行、同步再生,再生时阳床排出的酸性废水和阴床排出的碱性废水同时进入中和池(等当量)自动中和。

三、二级脱盐系统

阴床出水进入混床(D－108A/B/C/D)，进一步除去水中残留的阴、阳离子，出水即为二级除盐水，其电导率小于0.2μS/cm，二氧化硅小于20μg/L。合格的二级脱盐水送入除盐水罐。

四、再生系统

阳离子交换树脂再生剂为31%的HCl，阴离子交换树脂再生剂为32%的NaOH。31%HCl和32%NaOH都由汽车槽车运来，卸入酸、碱缓冲罐(D－115、D－120)后，分别经酸提升泵(P－106A/B)、碱提升泵(P－107A/B)送入酸、碱高位储罐。31%HCl和32%NaOH分别由酸、碱计量泵送出经稀释至相应浓度后进入阴、阳、混合离子交换器对阴、阳离子交换树脂进行再生，置换出在制水过程中交换的阴、阳离子，恢复阴、阳离子交换树脂的交换能力，再生废液排入中和池。凝液混床与脱盐水站混床的再生系统共用。一级再生浓度：HCl浓度为3%~3.5%，NaOH浓度为3%~3.5%。二级再生浓度：HCl浓度为3.5%~4%，NaOH浓度为3.5%~4%。

五、加氨系统

为减轻对管道和设备的腐蚀，设组合式加氨装置2套，对混床后除盐水加氨，使供给各生产装置的除盐水的pH值维持在8.8~9.3。设计氨液罐体积1m³，在氨液罐内通过将二级除盐水和液氨瓶内的液氨混合、稀释至5%后通过氨液计量泵送往二级除盐水母管。氨液计量泵为机械隔膜计量泵，泵出口流量25L/h，出口压力1.2MPa，外送除盐水浓度为0.02~0.04mol/L。氨液计量泵的流量可根据需要在额定范围内随意调节，自动控制时可以由变频器自动控制流量。

六、中和系统

为减少再生酸碱废液对环境的污染，在水处理站内设中和池，配套中和水泵2台。酸、碱再生废液全部排至中和池，根据中和池水的pH值投加酸、碱液，以使排水pH为6~9。在中和水泵出口管线上设pH分析仪监控，不合格的水打回中和池重新处理，确保达到排放标准，合格水由泵排至附近生产废水系统。

七、树脂清洗流程

阴、阳树脂运行8~10个周期后，需要进行体外擦洗，树脂在水的压力作用下，进入擦洗罐，加水通入净化风进行擦洗，擦洗完后用压力水送回原罐。

第三节　工　艺　指　标

一、设计物料平衡

在正常工况下，全厂产汽用水共1451t/h，其他工艺用水的负荷为100t/h，全厂除盐水负荷为1551t/h。全厂可供回收的工艺凝结水为1369t/h，经过处理合格后的可回用的为1232t/h；透平凝结水20t/h，可全部回用；全厂除盐水净负荷为299t/h。水处理站的正常设计负荷为400t/h，最大750t/h。

二、主要技术经济指标及装置能耗

1. 电能消耗（表7-1）

表7-1　电能消耗

序号	设 备 编 号	设备名称	电压/V	设备数量/台		设备容量/kW		电机功率/kW
				操作	备用	操作	备用	
1	K-101A/B/C/D	风机	380	3	1	7.5×3	7.5	7.5
2	P-101/A/B/C/D	生水泵	380	3	1	55×3	55	55
3	P-102/A/B	反洗水泵	380	1	1	45	45	45
4	P-103A/B/C/D/E/F/G/H	中间水泵	380	4	4	75	75	75
5	P-104/A/B/C/D	除盐水泵	380	3	1	132	132	132
6	P-105/A/B	再生泵	380	1	1	30	30	30
7	P-106/A/B	卸酸泵	380	1	1	7.5	7.5	7.5
8	P-107/A/B	卸碱泵	380	1	1	7.5	7.5	7.5
9	P-108/A/B	一级酸计量泵	380	1	1	1.5	1.5	1.5
10	P-109/A/B	二级酸计量泵	380	1	1	3	3	3
11	P-110/A/B	一级碱计量泵	380	1	1	1.5	1.5	1.5
12	P-111/A/B	二级碱计量泵	380	1	1	3	3	3
13	P-112/A/B	中和水泵	380	1	1	22	22	22
14	PA-03A/B	加氨泵	380	1	1	3	3	3

2. 其他物料消耗（表7-2）

表7-2　其他物料消耗

序　号	物 料 名 称	单　位	数　量
1	新鲜水	t/h	400
2	净化风	Nm^3/min	2.0
3	非净化风（间断）	Nm^3/min	10
4	NaOH（40%）	t/a	4386
5	HCl（31%）	t/a	6411
6	液氨	t/a	3.5

三、主要工艺指标（表7-3）

表7-3 主要工艺指标

	项 目	单 位	指 标
生水箱	新鲜水温度	℃	25~40
预处理系统	悬浮物	mg/L	≤2
	有机物	mg/L	≤1
	游离氯	mg/L	≤0.1
阳床出水	硬度	mmol/L	≈0
	Na^+	μg/L	≤100
阴床出水	电导率	μS/cm	≤5
	pH(25℃)		~7
	二氧化硅	μg/L	≤100
	铁	μg/L	≤50
	铜	μg/L	≤10
	硬度	μmol/L	≈0
混床出水	电导率	μS/cm	≤0.2
	pH(25℃)		8.8~9.3
	二氧化硅	μg/L	≤20
	铁	μg/L	≤30
	铜	μg/L	≤5
	硬度	μmol/L	≈0
除盐水管网	压力	MPa(g)	0.5~0.7

四、公用工程指标（表7-4）

表7-4 公用工程指标

名 称	项 目	单 位	指 标
净化风	压力	MPa(g)	0.6~0.8
非净化风	压力	MPa(g)	0.6~0.8

五、分析化验一览表(表7-5)

表7-5　分析化验一览表

序号	取样地点	分析介质	分析项目	控制指标	分析频率
1	入口总管	入口总管介质	pH	≥7	1次/周
			浊度	<10mg/L	1次/周
			电导率	实测	1次/周
			游离氯	≤0.1mg/L	1次/周
			离子全分析	实测	1次/月
2	活性炭过滤器出口	活性炭过滤器出水	pH	6.5~9	1次/8h
			浊度	≤2mg/L	1次/8h
			有机物	≤1mg/L	1次/8h
			游离氯	≤0.1mg/L	1次/8h
3	阴床出口	阴床出水	电导率	≤5μS/cm	1次/8h
			pH(25℃)	~7	1次/8h
			二氧化硅	≤100μg/L	1次/8h
4	混床出水管	混床出水	电导率	≤0.2μS/cm(25℃)	1次/4h
			SiO_2	≤20μg/L	1次/4h
			pH	~7	1次/4h
			含油量	≤0.3mg/L	1次/24h
5	除盐水泵出水总管	除盐水泵出水总管介质	pH	8.8~9.3	1次/24h
			电导率	≤0.2μS/cm(25℃)	1次/24h
			SiO_2	≤20μg/L	1次/24h
			总Cu	≤5μg/L	1次/8h
			总Fe	≤30μg/L	1次/8h

注:以上化验分析项目及频次作为参考,在开工和生产过程中根据实际情况再进行调整。

第四节　原料辅料

一、主要原料

树脂类别一览表见表7-6。

水处理站主要原料新鲜水由净化水场提供,原料性质见表7-7。

表7-6　树脂类别一览表

装填部位	型　号	名　称	装填数量	外　观
阳床上室	001X7FC	凝胶型强酸性苯乙烯阳树脂	每台390袋，25kg/袋	棕黄色至棕褐色球状颗粒
阳床下室	D113-ⅢFC	大孔弱酸性丙稀酸阳树脂	每台380袋，25kg/袋	乳白色至淡黄色球状颗粒
阴床上室	201X7FC	凝胶型强碱性苯乙烯阴树脂	每台370袋，25kg/袋	淡黄色至金黄色球状颗粒
阴床下室	D301-ⅢFC	大孔弱碱性苯乙烯阴树脂	每台390袋，25kg/袋	乳白色球状颗粒
一级阴阳床	QL-2	惰性树脂	每室40袋，25kg/袋	乳白色圆柱形颗粒
混床上层	D201MB	大孔强碱性苯乙烯阴树脂	每台180袋，25kg/袋	乳白色不透明球状颗粒
混床下层	D001MB	大孔强酸性苯乙烯阳树脂	每台100袋，25kg/袋	浅棕色不透明球状颗粒
凝混上层	D203NJ	凝结水专用阴树脂	每台156袋，25kg/袋	乳白色球状颗粒
凝混下层	D003NJ	凝结水专用阳树脂	每台96袋，25kg/袋	灰褐色不透明球状颗粒
混床及凝混	S-TR	三层床用树脂	每台55袋，25kg/袋	白色或淡黄色

表7-7　主要原料性质

项　目		标　准
感官性状和一般化学指标	色	色度不超过15度并不得呈现其他异色
	浑浊度	不超过3度，特殊情况不超过5度
	臭和味	不得有异臭、异味
	肉眼可见	不得含有
	pH	6.5~8.5
	总硬度（以碳酸钙计）	450mg/L
	铁	0.3mg/L
	锰	0.1mg/L
	铜	1.0mg/L
	锌	1.0mg/L
	挥发酚类（以苯酚计）	0.002mg/L
	阴离子合成洗涤剂	0.3mg/L
	硫酸盐	250mg/L
	氯化物	250mg/L
	溶解性总固体	1000mg/L
毒理学指标	氟化物	1.0mg/L
	氰化物	0.05mg/L
	砷	0.05mg/L
	硒	0.01mg/L
	汞	0.001mg/L
	镉	0.01mg/L
	铬（六价）	0.05mg/L
	铅	0.05mg/L
	银	0.05mg/L
	硝酸盐（以氮计）	20mg/L
	氯仿*	60μg/L
	四氯化碳*	3μg/L
	苯并(a)芘*	0.01μg/L
	滴滴涕*	1μg/L
	六六六*	5μg/L

项　目		标　准
细菌学指标	细菌总数 总细菌总数 游离余氯	100 个/mL 3 个/L 在与水接触 300min 后应不低于 0.3mg/L。集中式给水除出厂水应符合上述要求外，管网末梢水不应低于 0.05mg/L
放射性指标	总 α 放射性 总 β 放射性	0.1Bq/L 1Bq/L

表注：* 表示有化验指标，但此项指标不参与月度对水质服务商考核指标，仅做为全厂水质监测使用。

二、主要辅助材料

1. 盐酸(HCl)

理化特性：熔点(℃)：−114.8；沸点(℃)：108.6；相对密度($\rho_水 = 1$)：1.2；燃烧性：不燃。健康危害：吸入、摄入或经皮肤吸收后对身体有害。可引起灼伤。对眼睛、皮肤黏膜和上呼吸道具有强烈的刺激作用。其指标见表 7−8。

表 7−8　盐酸指标

项　目	单　位	指　标
总酸度(以 HCl 计)	%	≥31
铁	%(质量)	≤0.01
灼烧残渣	%(质量)	≤0.005
氧化物	%	≤0.008

2. 碱(NaOH)

理化特性：无色液体，从空气中吸收水分的同时，也吸收二氧化碳，溶于醇、甘油，并能放出大量的热量。不溶于乙醚、丙酮。健康危害：本品是典型的强碱，腐蚀性较强，对皮肤、黏膜、角膜等有极大的腐蚀作用。如果咽下会产生呕吐、腹部剧痛、虚脱等症，严重者至死。其指标见表 7−9。

3. 氨水

理化性质：相对密度($\rho_水 = 1$)：0.91；饱和蒸气压(kPa)：1.59(20℃)。健康危害：吸入、摄入或经皮肤吸收后对身体有害。其指标见表 7−10。

表 7-9 碱指标(优级品 GB/T 11199—2006)

项 目	单 位	指 标
氢氧化钠	%	≥45
氯酸钠	%	≤0.002
氯化钠	%	≤0.008
三氧化二铁	%	≤0.0008
氧化钙	%	≤0.0005
三氧化二铝	%	≤0.001
二氧化硅	%	≤0.002
硫酸盐	%	≤0.002
碳酸钠	%	≤0.1
外观	—	无色透明液体

表 7-10 氨水指标

项 目	单 位	指 标
氨	%	>99.8
残留物	%	<0.2

三、产品性质(表 7-11)

表 7-11 除盐水产品水质

序号	项目	单位	数据	备注
1	硬度	mmol/L	0	
2	电导率	μS/cm(25℃时)	≤0.2	
3	SiO_2	μg/L	≤20	
4	铁离子	μg/L	≤30	
5	铜离子	μg/L	≤5	
6	pH		8.8~9.3	加氨后
7	有机物	mg/L	≤2	

第五节　工　艺　控　制

一、一级除盐系统

当除盐水外供量大于制水量时，在设备最大负荷范围内，可开大阴阳床进出口手阀、中间水泵出口阀来增大运行系列制水量，也可增加运行系列的数量来增加制水量，使一级除盐水保持正常。

当除盐水外供量小于制水量时，可减小阴阳床进出口手阀、中间水泵出口阀来减少运行系列制水量；也可减少运行系列的数量来减少制水量；还可采取阴床出水回流的办法来稳定一级除盐。

在开停工期间，当外界用水量较小或间断用水时可以用除盐水罐存水外供，一级和二级系统根据情况间断运行。

二、二级除盐系统工艺调整方案

当除盐水外供量大于制水量，除盐水箱液位持续下降时，在设备最大负荷范围内，可用开大混床进出口手阀来增大运行系列的制水量，也可用增加混床运行台数的办法来增加制水量，使除盐水箱液位保持正常。

当除盐水外供量小于制水量，除盐水箱液位持续上升时，除盐水箱液位调节阀将自动关小，降低混床的制水量，也可用减少混床运行台数的办法来降低制水量，稳定除盐水箱液位。

三、工艺过程控制方案

水处理和凝结水站装置采用西门子 PLC 控制系统（图 7-3），PLC 系统控制回路 AI、AO 及所有 DO 卡件冗余配置；同时 PLC 系统需配置 4 个 MODBUS 485 RTU 接口与 DCS 通信；PLC 系统配置 2 个操作站，1 个工程师站，其中 1 个操作站安装在中控室（位置及操作台买方提供），1 个操作站及工程师站安装在现场机柜室。PLC 系统接收来自水处理站、凝结水站的温度、压力、液位、流量、机泵状态等信号，并将控制指令传送到装置中，对水处理站、凝结水站装置进行控制和监测。

本系统采用一套 PLC 系统来完成各种数据采集、过程监控、报警、记录、报表打印、流程图画面显示及系统自诊断等功能。本系统的控制特点主要是顺序控制，运行方式除由 PLC 按预定的程序实现外，在 PLC 内对程控阀、泵、风机设置软手动开关，进行手动控制；同时，对每个单元系统，在现场设手/自动切换开关，当开关置自动位置时，现场气动阀门由 PLC 系统控制，当开关置手动位置时，现场气动阀门可由操作工就地手动操作。系统中设有计量泵和中间水泵的启停联锁、周期制水量高联锁、出水水质超标联锁等。反洗、再生过程控制方式有压差、周期制水量累计控制、累计运行时间控制、电导率和 SiO_2 超标控制等。

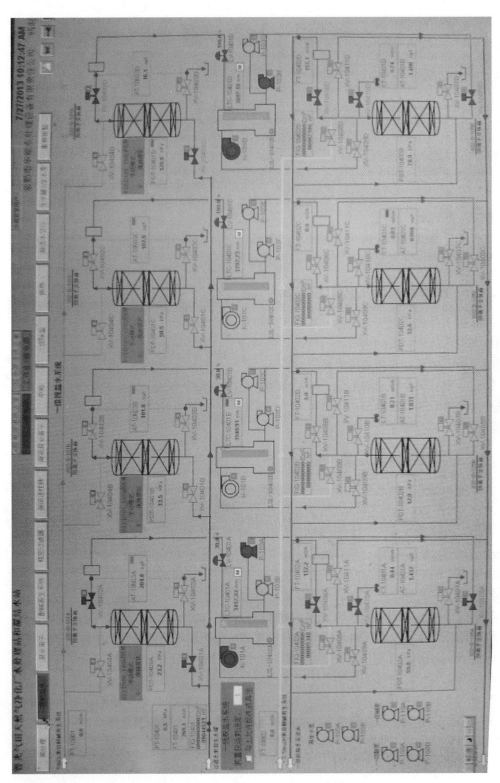

图 7-3 PLC控制系统

第六节　主要设备

一、容器类设备一览表（表 7 – 12）

表 7 – 12　容器类设备一览表

序号	位　号	设备名称及详细规格	型　号	单位	总数量/备用数	材料	内壁防腐	
							防腐材料名称	涂敷层数
1	SR – 101/A ~ H	活性炭过滤器	YHGH – 32 – 0	台	8/1	Q235 – B	环氧树脂	2
		设备直径/壁厚：ϕ3032/16mm						
		出力：80 ~ 112m³/h						
		过滤滤料					活性炭	
2	D – 101/A/B/C/D	阳离子交换器（双室双层浮动床）	YHLSF – 28 – 0	台	4/1	Q235 – B	衬胶	5mm
		设备直径/壁厚：ϕ2828/14mm						
		出力：150 ~ 300m³/h						
		单头水帽		套	650	ABS		
		双头水帽		套	325	ABS		
3	D – 104/A/B/C/D	除二氧化碳器（直连式，含水箱）	YHCT – 25 – 0	台	4/1	Q235 – B	衬胶	5mm
		直径：ϕ252 4/12mm						
		出力：Q = 150 ~ 350m³/h						
		填料：ϕ38/ϕ25 多面空心球混装，填料高度：H = 3000mm				聚丙烯		
		进水装置：不锈钢绕丝				316L		
		除碳风机：风量：7785m³/h 风压：1.7 ~ 2.58 × 10⁵Pa 4 – 72 – 11　No4A		台	4			
		配用电动机：功率7.5kW	Y132 S2 – 2	台	4			

序号	位 号	设备名称及详细规格	型 号	单位	总数量/备用数	材料	内壁防腐	
							防腐材料名称	涂敷层数
4	D－105/A/B/C/D	阴离子交换器（双室双层浮动床）	YHLSF－30－0	台	4/1	Q235－B	衬胶	5mm
		设备直径/壁厚：ϕ3028/14mm						
		出力：$Q=150\sim300\text{m}^3/\text{h}$						
		单头水帽：不锈钢绕丝		套	650	316L		
		双头水帽：不锈钢绕丝		套	325	316L		
5	D－108/A/B/C/D	混合离子交换器	YHLH－28－0	台	4/1	Q235－B	衬胶	5mm
		设备直径/壁厚：ϕ2828/14mm						
		出力：$Q=200\sim300\text{m}^3/\text{h}$						
		强酸树脂填装高度：500mm						
		强碱树脂填装高度：1000mm						
		布水装置：不锈钢绕丝				316L		
		进碱装置：不锈钢绕丝				316L		
		中排：不锈钢绕丝				316L		
		单头水帽：不锈钢绕丝		只	305	316L		
6	D－103	阳床外清洗塔	YHCQ－28－0	台	1	Q235－B	衬胶	5mm
		设备直径/壁厚：ϕ2828/14mm						
		上排水装置：不锈钢绕丝				316L		
		中间排水装置：不锈钢绕丝				316L		
		布气装置：不锈钢绕丝				316L		
7	D－107	阴床外清洗塔	YHCQ－30－0	台	1	Q235－B	衬胶	5mm
		设备直径/壁厚：ϕ3028/14mm						
		上排水装置：不锈钢绕丝				SUS304		
7	D－107	中间排水装置：不锈钢绕丝				SUS304		
		布气装置：不锈钢绕丝				SUS304		
8	D－102/A/B/C/D	阳床树脂捕捉器	YHBS－200－0	台	4	Q235－B	衬胶	3mm
		规格：DN200						
		滤元：不锈钢8丝				316L		
9	D－106/A/B/C/D	阴床树脂捕捉器	YHBS－200－0	台	4	Q235－B	衬胶	3mm
		规格：DN200						
		滤元：不锈钢绕丝				316L		

续表

序号	位号	设备名称及详细规格	型号	单位	总数量/备用数	材料	内壁防腐 防腐材料名称	内壁防腐 涂敷层数
10	D-109/A/B/C/D	混床树脂捕捉器	YHBS-200-0	台	4	Q235-B	衬胶	3mm
		规格：DN200						
		滤元：不锈钢绕丝					316L	
11	D-110/A/B	盐酸高位储槽	YHCS-32-50	台	2/1	Q235-B	衬胶	5mm
		设备直径/壁厚：φ3228×14						
		有效容积：50m³						
		配磁翻板液位计		台	2			
12	D-111/A/B	碱液高位储槽	YHCJ-32-50	台	2/1	Q235-B		
		设备直径/壁厚：φ3228×14						
		有效容积：50m³						
		配磁翻板液位计		台	2			
13	D-115	卸酸罐	YHXSG-6.5-0	台	1	Q235-B	衬胶	5mm
		设备直径：DN650mm						
		配玻璃管液位计		台	1			
14	D-120	卸碱罐	YHXJG-6.5-0	台	1	Q235-B		
		设备直径：DN650mm						
		配玻璃管液位计		台	1			
15	D-118	酸雾吸收器	YHXS-5-0	台	1	Q235-B	衬胶	5mm
		设备直径/壁厚：φ500/5mm						
		填料：φ38多面空心球					聚丙烯	
16	D-123	非净化风罐	φ2200×7475		1	20R		
		有效容积：25m³						
17	D-124	净化风罐	φ2200×7475		1	20R		
		容积：25m³						
18	T-102A/B	除盐水罐			2			
		有效容积2000m³	φ13200×16400			Q235-B		
19	T-103A/B	凝结水罐			2			
		有效容积1000m³	φ10800×12480			Q235-B		

二、机泵一览表(表7-13)

表7-13　机泵一览表

序号	流程及布置图上的位号	设备名称及详细规格	单位	总数量/备用数	通流部分材料
1	K-101 A/B/C/D	除碳风机:4-72-11　No4A 风量:7800m³/h 风压:0.023MPa	台	4/1	
		配用电动机:Y132S2-2 功率7.5kW	台		
2	P-101/A/B/C/D	生水泵:$Q=250m^3/h$ $H=40mH_2O$ 配用电机:功率55kW	台 台	4/1 4	
3	P-102 /A/B	反洗水泵:$Q=280m^3/h$ $H=30mH_2O$ 配用电机:功率45kW	台 台	2/1 2	304
4	P-103/A/B~H	中间水泵:$Q=250m^3/h$ $H=55mH_2O$ 配用电机:功率75kW	台 台	8/1 8	316L
5	P-104/A/B/C/D	除盐水泵:$Q=500m^3/h$ $H=55mH_2O$ 配用电机:功率132kW	台 台	4/1 4	
6	P-105/A/B	再生水泵:$Q=150m^3/h$ $H=40mH_2O$ 配用电机:功率30kW	台 台	2/1 2	304
7	P-106/A/B	卸酸泵:$Q=25m^3/h$ $H=40mH_2O$ 配用电机:功率7.5kW	台 台	2/1 2	衬氟橡胶
8	P-107/A/B	卸碱泵:$Q=25m^3/h$ $H=40mH_2O$ 配用电机:功率7.5kW	台 台	2/1 2	衬氟橡胶
9	P-108/A/B	阳床盐酸计量泵:$Q=3561L/h$ $H=6BAR$ 配用电机:功率1.5kW 安全阀 缓冲器　1¼″G	台 台 台 台	2/1 2 2 2	PVC PVC PVC

序号	流程及布置图上的位号	设备名称及详细规格	单位	总数量/备用数	通流部分材料
10	P-109/A/B	混床盐酸计量泵：$Q=3000L/h$ $H=6BAR$ 配用电机：功率 3kW 安全阀 缓冲器 $1\frac{1}{4}''G$	台 台 台 台	2/1 2 2 2	PVC PVC PVC
11	P-110/A/B	阴床碱液计量泵：$Q=3000L/h$ $H=6BAR$ 配用电机：功率 1.5kW 安全阀 $1\frac{1}{2}''$ 缓冲器 $1\frac{1}{2}''NPT$	台 台 台 台	2/1 2 2 2	316 316 316
12	P-111/A/B	混床碱液计量泵：$Q=3000L/h$ $H=6BAR$ 配用电机：功率 3kW 安全阀 $1\frac{1}{2}''$ 缓冲器 $1\frac{1}{2}''NPT$		2/1 2 2 2	316 316 316
13	P-112/A/B	中和水泵：$Q=100m^3/h$ $H=30mH_2O$ 配用电机：功率 22kW	台 台	2/1 2	
14	P-113/A/B/C/D	凝结水泵：$Q=450m^3/h$ $H=60mH_2O$ 配用电机功率：110W	台 台	4/1 4	
15	P-114/A/B	凝液反洗水泵 $Q=250m^3/h$ $H=30mH_2O$ 配用电机：功率 22kW	台 台	2/1 2	304

三、其他（表 7-14）

表 7-14 其他设备一览表

序号	位号	设备名称及详细规格	型号	单位	数量	材料	内壁防腐	
							防腐材料名称	涂敷层数
1	M-102	一级酸管道混合器 $DN150$ $L=1000$	YHHS-150-0	台	1	316L		
2	M-103	二级酸管道混合器 $DN80$ $L=1000$	YHHS-80-0	台	1	316L		

序号	位号	设备名称及详细规格	型号	单位	数量	材料	内壁防腐	
							防腐材料名称	涂敷层数
3	M－104	一级碱管道混合器 $DN150$　$L=1000$	YHHJ－150－0	台	1	304		
4	M－105	二级碱管道混合器 $DN80$　$L=1000$	YHHJ－80－0	台	1	SUS304		
5	EJ－101	阳树脂输送喷射器		台	1	Q235	衬胶	
6	EJ－102	阴树脂输送喷射器		台	1	Q235	衬胶	

第八章　凝结水系统

第一节　装置概况

一、装置简介

凝结水站是将全厂工艺凝结水回收和处理的装置，其所处理的水可达到锅炉给水水质要求，作为除盐水回用，从而达到节水节能的目的。根据全厂蒸汽凝结水回收水质资料，凝结水站选用二级过滤、一级除盐工艺，即：采用精密过滤和活性炭过滤器串联工作；除盐采用混床工艺方案，设计容量为1350t/h，最大1500t/h。处理后的凝结水与除盐水混合后外供，以满足锅炉给水的需要，同时满足全厂其他生产装置对除盐水的需求。凝结水站由换热和冷却、除油除铁、混床精处理系统等三部分组成，其配套的酸碱再生系统、废水中和系统与水处理站共用。装置设计年运行时间8000h。

二、工艺原理

1. 精密过滤器过滤原理

精密过滤器是凝结水精处理设备，设备内部装有一定数量的滤芯，滤芯以不锈钢绕丝滤元为骨架，过滤材料是用特种改性纤维制成的微孔滤膜，具有类似筛网状的结构，形态较整齐，孔径分布较均一。过滤时近似过筛的机理，所有直径大的粒子全部拦截在滤膜表面上，使其不能通过滤膜而去除。

2. 活性炭过滤原理

活性炭过滤器有以下两个作用：

一是利用活性炭的活性表面除去水中的游离氯，以避免水处理系统中的离子交换树脂，特别是阳离子交换树脂受到游离氯的氧化作用；

二是除去水中的有机物，以减轻有机物对强碱性阴离子交换树脂的污染。

通过活性炭过滤器的过滤，可以除去水中60%～80%胶体物质，50%左右铁和50%～60%有机物等。活性炭对水中杂质物的去除作用，是基于活性炭的活性表面和不饱和化学键。由于活性炭的表面积很大（$500～1500m^2/g$），加之表面又布满了平均直径为$2～3um$的微孔，所以活性炭具有很高的吸附能力。同时，由于活性炭表面上的碳原子在能量上是不等值的，这些原子含有不饱和键，因此具有与外来分子或基团发生化学作用的趋势，对某些有机物有较强的吸附能力。

活性炭对氯的吸附，不完全是其表面对氯的物理吸附作用，而是由于活性炭表面起了催化作用，促使游离氯的水解，和产生新生态氧的过程加速。其反应式如下：

$$Cl_2 + H_2O = HCl + HClO$$

$$HClO \xrightarrow{\text{活性炭}} HCl + [O]$$

（新生态氧）

这里产生的[O]可以和活性炭中的碳或其他易氧化组相互反应而得以去除：

$$C + 2[O] \longrightarrow CO_2 \uparrow$$

3. 混床工作原理

见水处理站部分。

4. 主要化工原料原理和作用

见水处理站部分。

三、技术特点

（1）凝结水预处理系统采用的专利技术，使用了高效滤芯，除有机物、除铁效果明显。

（2）凝结水站和水处理站联合布置，共用酸、碱再生与废水中和系统。

第二节 工 艺 过 程

凝结水系统工艺流程方框图见图8-1。工艺过程如下：

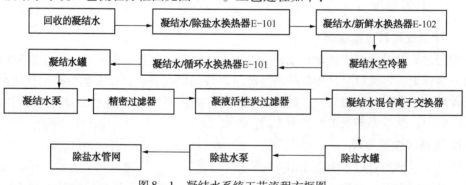

图8-1 凝结水系统工艺流程方框图

1. 凝结水回收系统

由系统管网来的约140℃工艺凝结水首先进入凝结水/除盐水换热器（E-101A/B/C）进行换热，冷却至85℃后进入凝结水/新鲜水换热器（E-102A/B/C）进一步回收凝结水的余热，为保护凝结水混床衬胶和离子交换树脂，凝结水需要在空冷器和凝结水/循环水换热器进一步冷却至50℃后进入凝结水储罐。

为减轻后续凝结水过滤器和混床的负荷，凝结水进入凝结水罐后，需定期将顶部有机物含量较高部分溢流排至含油污水系统。凝结水从罐底部流出，经凝结水泵升压后进入凝结水精处理部分。在循环水换热器（E-103A/B/C）后的凝结水管线上设有在线仪表和采样口以监测凝结水中有机物的含量，当凝结水中有机物含量超过30mg/L时，凝结水排放阀自动打开，排至含油污水系统。

2. 凝结水处理系统

凝结水处理系统主要由精密过滤器、活性炭过滤器和凝液混床组成。

精密过滤器(凝结水专用型)是凝结水的精处理设备，设备内部装有一定数量的滤芯，滤芯是以不锈钢绕丝滤元为骨架，外面再均匀致密地覆盖纤维滤层，通过滤层的作用可以去除凝结水中的悬浮物和铁杂质。精密过滤器正常运行中，当设备达到设定的压差、周期制水量及运行时间中的任何一个时，设备需要反冲洗。系统中精密过滤器的运行、反洗过程由可编过程控制系统(PLC)实现全自动操作。

精密过滤器出水进入凝液活性炭过滤器。凝液活性炭过滤器内部装有椰壳活性炭，可去除水中有机物。活性炭填装高度约 2000mm。过滤水由设备上部进入穿过滤料层，再由设备下部送出。当设备达到设定的压差、周期制水量及运行时间中的任何一个时，过滤器需要进行反冲洗。系统中所有凝液活性炭过滤器的运行、反洗等过程由可编过程控制系统(PLC)实现全自动操作。

活性炭过滤器出水直接进入凝液混床，进一步除去水中残留的阴、阳离子，出水即为精制水，其电导率小于 $0.2\mu S/cm$。合格的精制水送入除盐水罐。

3. 其他

凝液混床的直径和形式与水处理站内设置的混床一致，并公用一套再生系统和中和系统，减少系统设置的重复，提高设备的利用率。

第三节　工艺和技术经济指标

一、设计物料平衡

全厂设蒸汽凝结水回收系统，将各类蒸汽凝结水分别进行处理供锅炉和产汽设备使用。凝结水分为汽轮机凝结水、工艺凝结水两个系统进行回收和处理。

工艺蒸汽凝结水合计为 1369t/h，汽轮机凝结水 20t/h，全厂共计回收凝结水 1389t/h。凝结水站设计规模为 1500t/h。

二、主要技术经济指标及装置能耗

1. 电能消耗(表 8 - 1)

表 8 - 1　电能消耗

序号	设备编号	设备名称	电压/V	设备数量/台		设备容量/kW		轴功率/kW	备注
				操作	备用	操作	备用		
1	P - 113A ~ D	凝结水泵	380	3	1	480	160	109	
2	P - 114A/B	凝结水反洗水泵	380	1	1	55	55	40.3	
3	A - 101A ~ P	空冷器	380	12	4	120	120		共16台

2. 压缩空气用量(表8-2)

表8-2 压缩空气用量

序 号	使用地点	用量(标)/(m³/min)		备 注
		非净化风	净化风	
1	凝结水站	(1)	0.5	
合计			0.5	

3. 化学药剂用量(表8-3)

表8-3 化学药剂用量

序 号	名 称	型号或规格	一次用量/t	备 注
1	NaOH	32%	4.0	混床
2	HCl	31%	2.0	混床

三、主要工艺指标(表8-4)

表8-4 主要工艺指标

序 号	位 置	项 目	单 位	控制指标
1	精密过滤器出水	有机物含量	mg/L	≤1
		Fe	mg/L	≤50
		Cu	mg/L	≤10
2	凝液活性炭过滤器出水	有机物含量	mg/L	≤1
		Fe	mg/L	≤50
		Cu	mg/L	≤10
3	凝结水混合离子交换器出水	电导率	μS/cm	≤0.2(25℃)
		SiO_2	mg/L	≤20
		pH	—	~7

四、公用工程指标(表8-5)

表8-5 公用工程指标

名 称	项 目	单 位	指 标
净化风	压力	MPa	0.6~0.8
非净化风	压力	MPa	0.6~0.8
盐酸	浓度	%	31%
NaOH	浓度	%	32%

五、分析化验一览表(表8-6)

表8-6　分析化验一览表

序号	取样地点	分析介质	分析项目	控制指标	分析频率
1	工艺冷凝液进水口	工艺冷凝液进水	硬度	≤5μmol/L	1次/4h
			溶解氧	≤50μg/L	1次/4h
			SiO_2	≤20μg/L	1次/24h
			Fe	≤100μg/L	1次/24h
			Cu	≤50mg/L	1次/24h
			pH	≥7	1次/8h
2	透平冷凝液进水口	透平冷凝液进水	硬度	1μmol/L	1次/24h
			溶解氧	≤50μg/L	1次/24h
			SiO_2	≤20μg/L	1次/24h
			pH	≥7	1次/24h
3	活性炭过滤器出口	活性炭过滤器出水	pH	6.5~9	1次/8h
			浊度	≤2NTU	1次/8h
			总有机物	≤1mg/L	1次/8h
			余氯	≤0.1mg/L	1次/8h
4	凝液混合离子交换器出水管	凝液混合离子交换器出水	电导率	≤0.2μS/cm(25℃)	1次/4h
			SiO_2	≤20μg/L	1次/4h
			pH	~7	1次/24h

注：以上化验分析项目及频次作为参考，在开工和生产过程中根据实际情况再进行调整。

第四节　原料辅料

一、主要原料(表8-7)

表8-7　主要原料性质

序号	位　置	项　目	单　位	指　标
1	工艺冷凝液进水	硬度	μmol/L	≤5
		溶解氧	mg/L	≤50
		SiO_2	mg/L	≤20
		Fe	mg/L	≤100
		Cu	mg/L	≤50
		pH	—	≥7

续表

序号	位 置	项 目	单 位	指 标
2	透平冷凝液进水	硬度	μmol/L	1
		溶解氧	mg/L	≤50
		SiO_2	mg/L	≤20
		pH	—	≥7

二、主要辅助材料性质

见水处理站部分。

三、产品性质

经凝结水站所处理后的水质指标见表8-8。

表8-8 凝结水处理产品水质指标

序号	项 目	单 位	混床出水指标	备 注
1	硬度	mmol/L	0	
2	电导率	μS/cm(25℃时)	≤0.2	
3	SiO_2	mg/L	≤0.02	
4	铁离子	mg/L	≤0.03	
5	铜离子	mg/L	≤0.005	
6	总有机物	mg/L	≤1	
7	pH值		8.8~9.3	加氨后
8	出口温度	℃	≤50	

第五节 工艺控制

一、凝结水收集系统

正常生产时，从装置来的工艺凝结水量一般比较稳定，水质也较好，应最大可能将其回收利用。凝结水处理过程中，进凝结水罐前手阀全开，去凝液处理系统(含预处理和凝液混床)的量主要靠手阀调整，进凝结水罐的量与处理量要维持平衡，使凝结水罐的液位保持正常。

二、凝结水温度调整

为使凝液混床阴、阳树脂保持最佳的工作交换容量和机械强度，要求凝结水温度控制在35~50℃。凝结水首先经过除盐水换热器，与除盐水换热，从节能角度考虑，日常操作调整时，最大限度回收这部分热能。

除盐水换热器出水经新鲜水换热器、空冷器，再经循环水换热器换热后控制在35～50℃。在工艺允许的情况下，应尽量增大新鲜水换热的流量，减少循环水用量，降低装置运行成本。

三、酸、碱控制技术

（1）在操作使用化工药品酸、碱设备时，操作人员一律要穿防酸、碱的防护罩、胶靴，戴好防护眼镜和胶皮手套。

（2）酸碱输送应在白天进行，接收和输送酸碱，应做好系统检查工作严禁带漏操作。

（3）非本岗位人员，不得进行酸碱操作，严禁私自取酸液、碱液。

（4）酸碱管线、阀门检修时，应先用清水冲洗，经分析合格后才能进行。

（5）酸碱烧伤简单救护：

① 酸烧伤皮肤，应立即用清水冲洗15min以上，再用2%碳酸氢钠溶液冲洗，就医；

② 碱烧伤皮肤，应立即用清水冲洗15min以上，再用2%硼酸溶液冲洗，就医。

（6）盐酸相关性质

① 理化特性：熔点（℃）：－114.8；沸点（℃）：108.6；燃烧性：不燃；相对密度（$\rho_水=1$）：1.2；相对密度（$\rho_{空气}=1$）：1.26。

② 健康危害：吸入、摄入或经皮肤吸收后对身体有害。可引起灼伤。对眼睛、皮肤黏膜和上呼吸道具有强烈的刺激作用。吸入后，可引起喉、支气管的炎症、水肿、痉挛、化学性肺炎或肺水肿。接触后可引起烧灼感、咳嗽、喘息、气短、头痛、恶心和呕吐等。

③ 环境危害：对环境有危害，对水体和土壤可造成污染。

④ 危险特性：能与一些活性金属粉末发生反应，放出氢气。遇氰化物能产生剧毒的氰化合物气体。与碱发生中和反应，并放出大量的热，具有较强的腐蚀性。

⑤ 侵入途径：吸入、食入、皮肤接触。

（7）碱液（NaOH）相关特性

① 理化特性：无色液体，从空气中吸收水分的同时，也吸收二氧化碳，溶于醇、甘油，并能放出大量的热。不溶于乙醚、丙酮。

② 危险特性：不燃。但氢氧化钠固体溶于水放出大量热。对铝、锌、锡有腐蚀性，并放出易燃易爆氢气，与酸类剧烈反应，与铵盐反应放出氢气。

③ 健康危害：本品是典型的强碱，腐蚀性较强，对皮肤、黏膜、角膜等有极大的腐蚀作用。如果咽下会产生呕吐、腹部剧痛、虚脱等症状，严重者至死。

（8）氨水相关特性

① 健康危害：吸入、摄入或经皮肤吸收后对身体有害。可引起灼伤。对眼睛、皮肤、黏膜和上呼吸道具有强烈的刺激作用。吸入后，可引起喉、支气管的炎症、水肿、痉挛、化学性肺炎或肺水肿，接触后可引起烧灼感、咳嗽、喘息、气短、头痛、恶心和呕吐等。

② 理化性质：相对密度（$\rho_水=1$）：0.91；饱和蒸气压（kPa）：1.59（20℃）。

③ 燃爆危险：本品不燃，具腐蚀性、刺激性，可导致人体灼伤。

④ 危险特性：可分解放出氨气，温度越高，分解速度越快，可形成爆炸性气体。

（9）低压蒸气特性

健康危害：接触时能引起烫伤。

四、"三废"处理

详见表 8-9。

表 8-9　"三废"处理情况

排放源	污染物名称	排放方式	排放量(存放量)	预处理措施	排放时间
活性炭过滤器	清洗水	排入雨水监控池	约120m³	无	
阴阳离子交换器	再生废水	排入雨水监控池	约120m³	中和池调节 pH	
混合离子交换器	再生废水	排入雨水监控池	约120m³	中和池调节 pH	
凝液精密过滤器	清洗水	排入污水系统	约120m³	无	
凝液活性炭过滤器	清洗水	排入雨水监控池	约120m³	无	
凝液混合离子交换器	再生废水	排入雨水监控池	约400m³	中和池调节 pH	

1. 废水排放

装置生产过程中排出的废水主要有含油污水、生活污水和生产污水。装置污水排放情况及主要控制措施参见表 8-10。

表 8-10　废水排放情况一览表

排放点	废水类别	排放方式	排放地点	控制措施
活性炭过滤器	生产废水	间断	雨水井	管道输送，严禁明排
阴阳离子交换器	生产废水	间断	中和池	调节 pH 值后排放
混合离子交换器	生产废水	间断	中和池	调节 pH 值后排放
凝液精密过滤器	含油污水	间断	含油污水井	控制、减少排放
凝液活性炭过滤器	生产废水	间断	雨水井	管道输送，严禁明排
凝液混合离子交换器	生产废水	间断	中和池	调节 pH 值后排放
生活污水	生活污水	间断	下水道	控制用水量

2. 废气排放

本装置正常生产情况下无废气产生。

3. 废渣排放

本装置正常生产情况下无废渣产生，离子交换树脂及活性炭达报废时由固体回收单位运走。

4. 噪声

装置生产中的噪声源主要为机泵、风机、空冷器及蒸汽放空等，每季度进行一次检测，并把监测数据公示在监测牌上。

第六节 主 要 设 备

一、容器类设备一览表(表8-11)

表8-11 容器类设备一览表

序号	流程及布置图上的位号	设备名称及详细规格	型号或图号	单位	总数	材料	内壁防腐	
							防腐材料名称	涂敷层数
1	D-110/A~J	精密过滤器	YHGM-28-170	台	10	SUS304		
		出力:$Q=170m^3/h$						
		设备直径/壁厚:$\phi2824/12mm$						
2	D-111A~J	凝液活性炭过滤器	YHGH-32-0	台	10	Q235-B	衬胶	3+2mm
		设备直径/壁厚:$\phi3232\times16mm$						
		出力:$Q=80~168m^3/h$						
		填料:椰壳净水活性炭 高度:2000mm						
		布水装置:不锈钢绕丝				SUS304		
		单头水帽:不锈钢绕丝		只	260	SUS304		
3	D-112A/B/C/D/E	凝液混合离子交换器	YHHN-28-0	台	6	Q235-B	衬胶	5mm
		设备直径/壁厚:$\phi2828/14mm$						
		出力:$Q=200~300m^3/h$						
		强酸阳树脂填装高度:500mm						
		强碱阴树脂填装高度:1000mm						
		布水装置:不锈钢绕丝				1Cr18Ni9Ti		
		进碱装置:不锈钢绕丝				1Cr18Ni9Ti		
		中排:不锈钢绕丝				316L		
		水帽:不锈钢绕丝				316L		
4	D-113A/B/C/D/E	凝液混床树脂捕捉器 规格:DN200	YHBS-200-4	台	6	Q235-B	衬胶	3mm
		滤元:不锈钢绕丝				316L		
5	T-103A/B	凝结水罐	$\phi10800\times12480$ 1000m³	台	2			

二、机泵一览表(表8-12)

表8-12　机泵一览表

序号	位 号	设备名称及详细规格	单位	数量	备用台数
1	P-113/A/B/C/D	凝结水泵	台	4	1
2	P-114/A/B	凝结水反洗泵	台	2	1

三、冷换设备一览表(表8-13)

表8-13　冷换设备一览表

序号	位号	名称	数量/台	操作介质	温度/℃				压力/MPa			
					冷介质		热介质		冷介质		热介质	
					进	出	进	出	进	出	进	出
1	E-101/A/B/C	除盐水换热器	3	除盐水 凝结水	45	95	140	85	0.45	0.4	0.4	0.35
2	E-102/A/B/C	新鲜水换热器	3	新鲜水 凝结水	15	35	85	81	0.4	0.35	0.35	0.3
3	E-103/A/B/C	循环水换热器	3	凝结水 循环水	33	43	60	50	0.4	0.3	0.25	0.15

四、空冷类设备一览表(表8-14)

表8-14　空冷类设备一览表

序号	位号	名称	数量/台	操作介质	操作条件			风机数量/台	电动机	
					温度/℃		管程压力/MPa		功率/kW	数量/台
					管程进口	管程出口				
1	A-101A~P	空冷器	16	凝结水	81	60	0.5	16	30	16台(4组)

五、装置开停工控制技术

(1)新入厂人员必须经过三级安全教育方可进入岗位;操作人员必须掌握本岗位的安全规程和工艺操作规程,经考试合格,才能上岗操作,特殊工种人员必须经地方政府劳动部门培训、考核,并取得安全操作证后方可上岗操作。

(2)全体员工都要牢记自己的安全职责,遵章守纪,尽职尽责,勤奋工作。

(3)坚持过好每月两次的安全活动,认真学习关于安全生产的文件、指示、规章制度,总结安全经验,查找存在的事故隐患并积极整改,分析已发生事故的原因,吸取经验教训,提出防范措施。

（4）操作人员进入岗位，必须按规定着装，无关人员不准进入生产岗位。

（5）在岗操作员禁止饮酒，班前 4h 之内饮酒者严禁上岗。

（6）工作场所必须保证照明设施齐全完好，并保证有足够的亮度。

（7）工作场所的劳动防护设施必须加强维护管理，确保完好。

（8）工作场所的井、坑、孔、沟必须盖上坚固的盖板或设立永久性的围栏，在检维修中如需将围栏取下，必须设临时围栏，临时打的孔、洞施工中要设警告标志，施工结束后必须回复原状。

（9）所有楼梯、平台、空中通道都必须装设可靠的安全围栏，如检修期间须将围栏拆除，必须安装临时保护设施，并在检修后将围栏恢复。

（10）门口、通道、楼梯、平台等处，不准堆放物品、器材，以免阻碍通行。

（11）设备运转时，转动部位或其他危险部位，严禁触摸。

（12）设备运行时，严禁拆卸其配件。未办理安全作业票，严禁拆卸、检修备用设备。

（13）设备的零配件或安全附件，防护装置不齐全完好，严禁启动或使用。

（14）不允许对带压管线、容器和设备进行敲打、紧螺栓等作业，带压检修必须征得有关部门的批准。

（15）设备的开、停要加强联系，以免打乱其他岗位的操作，刚启运的设备，要特别加强检查维护。

（16）低压蒸汽管线投用前必须暖管合格，防止水击。启闭阀门须戴好防护手套。

（17）在操作酸、碱设备时，操作人员一律要穿防酸、碱的防护罩、胶靴，戴好防护眼镜和胶皮手套。

（18）加氨操作时，人员应处于上风口位置，输氨管与氨瓶连接要严密，开启出液阀要缓慢，出液阀如锈涩，严禁野蛮用力强行打开，防止氨液泄漏。此时应重新更换氨瓶，并将出液阀锈涩的氨瓶登记下来，汇报相关管理人员，退还给供货单位。

（19）当班操作员有权禁止非本岗位人员操作本岗位任何设备、阀门。管理人员上岗操作必须征得当班操作员同意。事故情况下来不及打招呼，操作后必须与当班人员交待清楚。

六、现场操作

1. 生水罐温度控制

生水罐温度控制的目的是使阴、阳树脂保持最佳的工交容量和机械强度。

控制范围：25 ~ 40℃。

相关参数：生水罐 T - 101 温度、进生水罐总管生水温度、经凝结水换热后生水温度。

控制方式：生水罐温度控制由凝结水进凝结水/新鲜水换热器 E - 102A/B/C 的流量实现。为充分利用余热，降低循环水消耗，应尽可能利用凝结水的热量。

生水罐水温异常时的处理见表 8 - 15。

表 8 - 15　生水罐水温异常的处理

异 常	原 因	处 理 方 法
生水罐水温低	凝结水经 E - 102A/B/C 的流量小	增大凝结水经 E - 102 A/B/C 的流量, 直至换热器凝结水副线全部关闭
生水罐水温高	凝结水经 E - 102A/B/C 的流量过大	降低凝结水经 E - 102A/B/C 的流量, 开旁路阀

2. 生水罐液位控制

生水罐液位控制的目的是为一级除盐系统和活性炭反洗提供稳定水源, 防止泵抽空。

控制范围: 8 ~ 9m。

相关参数: 生水罐液位 LIC10301, 生水泵出口总管压力 PI10301。

控制方式: 正常情况下, 生水罐液位通过控制活性炭过滤器的出水量来实现。当液位超过高报值时, 发送高液位报警并关闭生水罐入口阀 XV10301; 液位降低至设定值时, 发生低液位报警。在生水罐液位正常时, 泵出口管网压力降低到一定值, 处于联锁状态下的备用泵将启动。生水罐液位异常时的处理见表 8 - 16。

表 8 - 16　生水罐液位异常的处理

异 常	原 因	处 理 方 法
生水罐液位下降快	预处理水量过小	调整预处理水量
	生水罐进水阀故障	用旁路手动调节, 联系仪表人员处理
	新鲜水管网压力低	联系给水泵站提高来水压力

3. 中间水箱液位控制

中间水箱液位控制设定了高液位报警(3000mm)、低液位报警(1500mm)和低低液位报警(400mm)。通过除炭器入口调节阀 LV10401 调节中间水箱液位, 控制从预处理至除炭器入口的调节阀 LV10401 开度实现。除此, 液位控制也和阴床回流至除炭器的入口阀 XV10409 联锁。

当液位低于低低液位 400mm 时, 通过液位开关联锁到 DCS 上的中间水泵自动停运。当液位在 400 ~ 1500mm 时, XV10409 打开; 当液位 1500 ~ 3000mm 时, XV10409 关闭。

4. 混床水质

工作压力越高的锅炉, 对水质要求越高, 水质控制越严。控制混床出水水质的主要目的是防止高压锅炉及其附属水、蒸汽系统中的结垢和腐蚀, 确保蒸汽质量和汽轮机的安全运行。混床共 4 台, 3 用 1 备。正常流量 263t/h, 控制范围 235 ~ 280t/h。混床控制压差为 0.07 ~ 0.15MPa。

混床出水水质控制范围: 电导率 $\leq 0.2\mu S/cm$, $SiO_2 \leq 20\mu g/L$。

相关参数: 混床压差 PDI A ~ D, 混床出口流量 FIQ A ~ D。

控制方式: 当二级除盐系统运行混床出水电导率 $> 0.2\mu S/cm$; 或二氧化硅含量 $> 20\mu g/L$; 或者累计运行达到 168h 时; 或床的压差大于 0.15MPa; 或周期制水量达到 44000t 时, 达到任一条件, 混床便由运行状态自动进入再生程序, 同时, 备用混床自动投入制水程序。

5. 除盐水罐液位控制

除盐水罐液位控制的目的是为除盐水管网提供稳定水源，并防止泵抽空。

控制范围：10～14m。

相关参数：除盐水罐液位，除盐水泵出口总管压力。

控制方式：除盐水罐液位设定了液位高报警和液位低报警，液位控制主要是通过二级除盐水的出口流量控制来实现。除盐水罐液位异常的处理见表8－17。

表8－17　除盐水罐液位异常的处理

异　　常	原　　因	处 理 方 法
除盐水罐液位下降快	除盐水用水量过大	增大一、二级除盐水制水量，提高除盐水罐液位，并联系调度调整除盐水用水量
	除盐水罐进水气动阀故障	用旁路手动调节，联系仪表人员处理
	除盐水制水量低	加大除盐水制水量

6. 精密过滤器与凝液活性炭过滤器出水水质

精密过滤器水质控制范围：精密过滤器出口有机物≤1mg/L。

相关参数：精密过滤器压差，出口流量；活性炭过滤器压差，出口流量。

控制方式：精密过滤器和凝液活性炭过滤器当压差≥0.10MPa（正常时压差约为0.02MPa）或运行周期达到176h或累计运行流量达到29390h时进入清水反冲洗程序，同时岗位人员投运备用系列。

7. 凝液混床水质控制

控制范围：电导率≤0.2μS/cm，SiO_2≤20μg/L。

相关参数：混床压差，混床出口流量。

控制方式：当二级除盐系统运行混床出水电导率>0.2μS/cm，或二氧化硅含量>20μg/L，或累计运行流量达到29390t，或运行时间达到176h或运行压差超过0.15MPa时自动进入再生程序。同时，岗位人员投运备用混床制水。凝液混床共6台，5用1备。运行压差控制范围为0.07～0.15MPa。

8. 凝结水罐液位

凝结水罐液位控制的目的是为凝液预处理系统提供稳定水源，并防止泵抽空。

控制范围：8～10m。

相关参数：凝结水罐液位，凝结水泵出口总管压力。

控制方式：正常情况下，凝结水罐液位控制可由增开或减少凝结水泵运行台数、调整凝结水泵出口阀开度来实现。

第七节　危害识别与处置

危险源处应悬挂醒目标牌，简明扼要说明危险源危害性及处理措施。见表8－18。

表 8-18　危险源位置一览表

危险源名称	危险源规格	使 用 场 所	防 护 情 况
盐酸	浓度31%	再生系统	警示牌、劳保护品
氢氧化钠	浓度32%	再生系统	警示牌、劳保护品
液氨	浓度100%	加氨系统	警示牌、劳保护品
低压蒸汽	0.4MPa、200℃	生水系统	警示牌、劳保护品

一、接触盐酸处理措施

1. 浓盐酸泄漏时应急处理

迅速撤离泄漏污染区人员至安全区，并进行隔离，严格限制出入。要求应急处理人员戴自给正压式呼吸器，穿防酸碱工作服。不要直接接触泄漏物。尽可能切断泄漏源，防止进入下水道、防洪沟等限制性空间。

少量泄漏：用砂土、干燥石灰或苏打灰混合，也可以用大量的水冲洗，冲洗水稀释后放入废水系统。

大量泄漏：构筑围堤或挖坑收容；用泵转移至槽车或专用收集器内，回收或运至废物处理场所处置。

2. 操作处置注意事项

（1）密闭操作，注意通风。

（2）操作尽可能机械化、自动化。

（3）远离易燃、可燃物。

（4）防止蒸汽泄漏到工作场所空气中。

（5）避免与碱类、氨类、碱金属接触。

（6）搬运时轻装轻卸，防止包装及容器损坏。

3. 个体防护

（1）呼吸系统防护：可能接触其烟雾时，佩戴自吸过滤式防毒面具（半面套）或正压式空气呼吸器。紧急事态抢救或撤离时，建议佩戴正压式空气呼吸器。

（2）眼睛防护：呼吸系统防护中已作防护。

（3）身体防护：穿橡胶耐酸碱服。

（4）手防护：戴橡胶耐酸碱手套。

4. 急救措施

（1）皮肤接触：立即脱去被污染的衣着，用大量的流动清水和医用碳酸氢钠溶液冲洗，至少15min，就医。

（2）眼睛接触：立即提起眼睑，用大量的流动清水和医用碳酸氢钠溶液冲洗至少15min，就医。

（3）吸入：迅速脱离现场至空气新鲜处。保持呼吸道通畅。如呼吸困难，应输氧。如呼吸停止，立即进行人工呼吸，就医。

（4）食入：误服者用水漱口，应饮牛奶或蛋清，就医。

二、接触碱液(NaOH)处理措施

1. 泄漏处置措施

处理泄漏物需戴防护眼镜和手套,用水、砂土扑救,但需防止物品与水产生飞溅,造成灼伤。地面用水冲洗,经稀释的污水排入中和池。

2. 急救措施

接触后应尽可能用大量的水冲洗,如果眼睛受刺激用大量的水清洗,用硼酸水冲洗。如误服立即漱口,饮水及1%醋酸,并送去医院急救。

3. 储运措施

防止容器破坏,与酸类、铝、锡、锌、铅及合金、爆炸物、有机过氧化物、铵盐及易燃物隔离储运。操作人员必须穿戴防护用品。

三、接触氨水处理措施

1. 侵入途径

吸入、食入、经皮肤吸收。

2. 急救措施

(1)皮肤接触:立即脱去污染的衣着。用大量流动的清洗水冲洗至少15min,就医。

(2)眼睛接触:立即提起眼睑,用大量流动清水或生理盐水冲洗至少15min,就医。

(3)吸入:迅速脱离现场至空气新鲜处。

(4)食入:用水漱口,应饮牛奶或蛋清,就医。

3. 应急处理

迅速撤离污染区人员至安全区,并进行隔离。严格限制出入,建议应急处理人员戴自给正压式呼吸器,穿防碱工作服。不要直接接触泄漏物。尽可能切断泄漏源。

少量泄漏:用砂土、蛭石或其他惰性材料吸收。可用大量的水冲洗。冲洗水稀释后放入废水系统。

大量泄漏:构筑围堤或挖坑收容。用泵转移至槽车或专用收集器内,回收或运至废物处理厂所处置。

4. 操作注意事项

(1)严加密闭,提供充分的局部排风或全面密封。

(2)操作人员必须经过专门培训,严格遵守操作规程,建议操作人员佩戴导管式防毒面具,戴化学安全防护镜,穿防酸碱工作服,戴橡胶手套。

(3)防止蒸气泄漏到工作场所空气中。

(4)避免与酸类、金属粉末接触。

(5)搬运时要轻装轻卸,防止包装及容器损坏。

(6)配备泄漏应急处理设备。

（7）倒空的容器可能残留有害物。

5. 储存注意事项

（1）储存于阴凉、通风的库房，远离火种、热源。

（2）保持容器内密封，应与酸类、金属粉末等分开存放，切忌混储。

（3）储区应备有泄漏应急处理设备和合适的收容材料。

6. 个体防护

（1）呼吸系统防护：可能接触其蒸气时，应佩戴导管式防毒面具或佩戴防毒面具。

（2）眼睛防护：戴安全防护镜。

（3）身体防护：穿酸碱防护服。

（4）手防护：戴橡胶手套。

四、接触低压蒸汽处理措施

1. 低压蒸汽泄漏的现象

有大量的白色蒸汽冒出，伴随有较大的噪声，低压蒸汽压力下降。

2. 蒸汽泄漏的原因

管道破裂；阀门泄漏；垫片泄漏；管道焊接不符合要求；操作工误操作。

3. 蒸汽泄漏处理

（1）立即查找泄漏点，关闭相关阀门，必要时关停总阀。

（2）处理人员应做好防烫准备，按要求穿戴防烫服、防烫面具和防烫手套，同时有人进行安全监护。

（3）泄漏点冷却下来后，应组织人员查明泄漏原因，更换发生损坏的阀门或垫片。

（4）加强操作工的安全培训教育，提高安全操作技能，做好事故的防范和应急培训。

4. 处理泄漏着装要求

在处理泄漏过程中，工作人员应穿隔热服，并戴防护手套和防护面罩。

5. 人员的救护

蒸汽泄漏会有大量的蒸汽冒出，如现场有操作人员，将会造成人员的受伤，紧急情况下可采取以下方法救护：

（1）迅速将被蒸汽烫伤的部位用冷水冲淋或浸泡水中，以减轻疼痛和肿胀，降低温度，浸泡时间至少在20min以上，如果是身体躯干烫伤，无法用冷水浸泡时，则用冷毛巾冷敷患处。

（2）如果局部烫伤较脏和被污染时，可用肥皂水冲洗，但不能用力擦洗。

（3）患处冷却后，用灭菌纱布或干净的布覆盖包扎。包扎时要稍加压力，紧贴创面，不留空腔。

（4）烫伤后出现水泡破裂，又有脏物时，可用生理盐水或冷开水冲洗，并保护创面，包扎时范围要大些，防止污染伤口。

（5）处理好后，立即送医院治疗。

第九章　水务系统运行

第一节　取水泵站

后河取水泵站自 2008 年 11 月份投产以来，为净化厂提取原水，安全平稳运行。较好地完成了气田供水的生产任务。

泵站先后经历多次洪水袭击，2010 年"7·18"特大洪水水位达到泵站建设投产以来最高洪水水位 341.7m(黄海高程)。洪水所带来的泥沙对取水头和集水池造成不同程度的淤堵，大量的杂物堵塞了离心泵叶轮，给泵站运行造成威胁，通过 20 天的抢险，泵站恢复了正常的运行。

针对洪水所带来的危害，后河取水泵站进行了一系列的技术改造：

2011 年 3 月，对集水池进水闸板进行改造，更换为铸铁镶铜圆闸门(型号：ZYM - 800)，为集水池清淤等作业奠定了基础。

2011 年 4 月，将提升泵房 4 个泵组出口控制阀门(暗杆弹性座封阀门，型号：GVHX - GBDN400 PN1.6)更换为电动控制阀门(型号：DZW350)。

2012 年 3 月，在集水池内安装了 2 台搅沙装置(型号：TBD11)和 2 台搅拌式排沙泵(型号：100BDJYWQ80 - 12 - 4)；同时加高了挡沙墙(高度 1.5m)。

通过这些技改的实施，提高了泵站的抗洪能力，确保了后河取水泵站的平稳运行。

第二节　生活水供水

一、前指生活供水

前指供水工程根据普光气田的建设发展分为两个阶段：第一阶段为 2005 年 6 月 ~ 2009 年 5 月，由于净化厂净化水场和净化厂至生产管理中心清水管线尚未投产，前指用水采用水源井供水，先后打水源井 8 口，井水经过超滤装置处理后供前指用户使用；2009 年 5 月以后，随着净化厂净化水场和净化厂至生产管理中心清水管线先后投产，整个供水工程全部使用经净化厂净化水场处理后的生活用水。

二、生产管理中心生活水供水

生产管理中心供水工程根据普光气田的建设发展分为两个阶段：2008 年 6 月 ~ 2009 年 5 月，由于净化厂净化水场和净化厂至生产管理中心清水管线尚未投产，为保证生产管理中心和应急救援中心用水，建设了临时取水工程，先后打 24 口水源井，此阶段为临时供水工程阶段；2009 年 5 月以后，随着净化厂净化水场和净化厂至生产管理中心清水管线先后投产，临时取水工程停用，整个供水工程全部使用经净化厂净化水场处理后的生活用水。

三、达州基地生活水供水

达州基地生活水供水工程建设于 2008 年 12 月，2009 年 10 月投产，投产以来系统运行平稳。

四、毛坝生活点生活水供水工程

毛坝生活点生活水供水工程建设于 2010 年 12 月，2012 年 3 月投产，投产以来系统运行平稳。

第三节　集输系统运行

一、污水来源

采气厂污水处理系统接收的污水来源主要为气井生产过程中产生的凝析水、部分气井返排的残酸、部分气井产出的地层水、堆渣场产生的污水、试压站和化验站产生的污水、集气总站和集气站场设备冲砂产生的污水、双庙 1 井生产过程中产生的凝析水、净化厂废液等 8 个方面。

目前，集输系统每日产出污水约 680 ~ 710m³，其中，集气总站来水约 650m³，堆渣场、双庙 1 集气站等其他污水每日约 20m³；除以上集输系统产出污水外，净化厂间断性外排污水每日约 40m³ 至赵家坝污水站处理后外输回注。大管道批处理时，会出现日产水量超过 700m³，赵家坝污水站各罐出现液位超高现象。

二、月度、年度处理量(表 9-1)

表 9-1　赵家坝污水站处理月度污水处理量　　　　m³

月　份	2009 年	2010 年	2011 年	2012 年	2013 年
一月	0	2729	9137	14320	15514
二月	0	2372	9761	10404	14533
三月	0	2779	13093.3	13034	16085
四月	0	4013	10222	13385	17174
五月	0	4280	10932.9	13271	17002
六月	0	4209	10460.4	11481	17700
七月	0	7270	10240	14545	18399
八月	0	7744	11066	14272	
九月	0	8225	13338	14692	
十月	0	8384	11603	11245	
十一月	266	9113	11349	12644	

普光气田 2013 年污水处理与回注趋势见图 9 - 1。

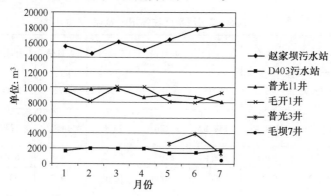

图 9 - 1 普光气田 2013 年污水处理与回注趋势走向

三、污水转运

目前，污水转运工作主要分为两部分：污水转运和酸液转运。承担污水拉运工作的车辆有 A 公司玻璃钢罐车 3 辆，应急救援中心污水罐车有 9 辆、B 公司罐车 2 辆。承担全厂各集气站酸液拉运的密闭罐车有 6 辆(4 台装赵家坝污水站污水，2 台装运站场气井产液)，污水拉运任务较为繁重，每日需转运 35 车以上才可确保污水站各罐液位保持在 80%(次日早上)。

1. 赵家坝污水站处理后污水

应急救援中心每日派 9 辆污水车转运 160m³，A 公司 3 辆车每日转运 120m³，吸污车日均转运污水 22 车近 170m³。16 台车辆平均每日转运赵家坝污水 500m³ 左右至毛开 1 井、普光 3 井。

2. 双庙 1 集气站污水

目前，双庙 1 井为间歇性开井，间隔时间为 2 天，每次产液量 5m³ 左右。前期每日安排 A 公司 1 辆污水车进行拉运，拉运量为 10m³/d，目前因进行污水蒸馏实验，暂未进行污水转运。

3. 堆渣场污水池污水

堆渣场污水正常情况下日平均 10m³ 左右，紧急情况时每天需转运 20~30m³ 左右。目前要求对污水进行打回流，雨天时进行及时转运。

4. 酸液拉运

酸液拉运的密闭罐车有 6 辆，其中 2 台转运站场气井产液、4 台转运污水站处理后污水。每日转运酸液 4~6 车，分别卸至赵家坝和大湾 403 污水站。

四、污水回注

普光气田目前运行污水回注站 4 座，回注井 4 口：分别为普光 11 井、毛开 1 井、普光 3 井、毛坝 7 井。4 口回注井日回注能力达到 740m³，基本能够满足目前的产出污水回注。具体表9-2。

表9-2 污水回注情况一览表 m³

序号	污水处理与回注站	一月份	二月份	三月份	四月份	五月份	六月份	七月份	合计
1	赵家坝污水站	15513.92	14533	16085	15053	16452.2	17720	18399	113756.12
2	D403污水站	1718.73	2184.43	2130.82	2126	1406	1430	1739	12734.98
3	普光11井	9725	9763	9974	8703	9122	8858	8185	64330
4	毛开1井	9649	8196	10061	10096	8210	7927	9330	63469
5	普光3井					2639	3912	1356	7907
6	毛坝7井							560	560

1. 普光11回注站

普光11井因注水压力由6月8日的25.5MPa逐步升至33.0MPa,日注水量由350m³下降至260m³左右,由双泵注水方式改为双泵轮换注水,延长普光11井注水时间。

2. 毛开1井回注站

毛开1井目前采用双泵注水方式注水,双泵注水量为14m³/h,日注水量可以达到300m³以上。7月21日因1#注水泵回流阀损坏,目前已停注。从7月22日开始,采取白天压裂车回注,晚上2#注水泵单泵回注方式进行,每日注水300m³,8月4日1#泵回流阀维修完成,执行双泵注水。

毛开1井回注站每日接收及注水量约300m³,其中,拉运污水量约230m³,大湾403污水站每日输送污水约60m³。

3. 普光3井回注站

普光3井目前由"利东"配合注水,每日接收及注水量160~180m³,全部为转运污水。8月5日临时流程已连接完毕,试注完成,开始进行正式回注。

4. 毛坝7井试注

毛坝7井利用中原井下压裂车注水,7月7日开始注水,注水压力54MPa,套压26MPa,注水压力较高,日均注水20~30m³。8月7日压裂车撤离现场。

第四节 净化系统运行

一、净化水场

净化厂用水取自后河,总处理水量为2000t/h,另外考虑10%的自用水量,则设计处理水量为2200t/h。本站工艺主要由絮凝反应沉淀系统、流砂过滤系统、污泥浓缩脱水系统、加药及加氯系统和供水系统五单元组成。本站产品净化水主要供给各生产联合装置、硫磺储运、水处理站、循环水场、消防管网、厂外配套工程及生活用水,生产、生活给水系统管道采用枝状布置。进各单元界区红线处的供水压力不小于 0.3 MPa(g)。

净化水场取水来自后河,该河流属于季节性河流,冬春季节河水流量小,浊度低,硬度和含盐量较高,总硬度最高时达到 650mg/L 以上;夏秋季节受降雨量多的影响,河水流量大,浊度高,硬度和含盐量低,暴雨季节时最高浊度曾经达到 5000NTU 以上。

2010 年月平均处理原水量为 $65.57 \times 10^4 m^3$,2011 年月平均处理原水量为 $71.99 \times 10^4 m^3$,2012 年月平均处理原水量为 $67.22 \times 10^4 m^3$。

2010 年月平均外供生产给水量为 $43.12 \times 10^4 m^3$,2011 年月平均外供生产给水量为 $48.76 \times 10^4 m^3$,2012 年月平均外供生产给水量为 $51.57 \times 10^4 m^3$。

2010 年月平均外供生活给水量为 $7.35 \times 10^4 m^3$,2011 年月平均外供生活给水量为 $7.24 \times 10^4 m^3$,2012 年月平均外供生活给水量为 $6.32 \times 10^4 m^3$。

详见表 9 - 3 ~ 表 9 - 5。

表 9 - 3　2010 ~ 2012 年原水水量　m^3

项目	1 月	2 月	3 月	4 月	5 月	6 月	7 月	8 月	9 月	10 月	11 月	12 月	合计
2010 年原水水量	892439	522608	562260	651186	562094	640676	607334	768596	689827	601385	637401	732907	7868713
2011 年原水水量	868696	845201	442884	731070	780643	960507	799294	735919	777265	723131	406680	567787	8639077
2012 年原水水量	700113	659823	636054	598982	624349	631457	773987	711560	818839	611263	531460	769078	8066965

表 9 - 4　2010 ~ 2012 年生产给水量　m^3

项目	1 月	2 月	3 月	4 月	5 月	6 月	7 月	8 月	9 月	10 月	11 月	12 月	合计
2010 年产给水量	609890	351008	353689	447229	433376	535313	392514	413467	386362	393941	426328	442038	5175155
2011 年生产给水量	506147	567231	567231	469982	453525	591190	483040	460216	477829	429215	363753	481784	5851143
2012 年生产给水量	503618	477527	463722	479249	494341	466015	549314	524911	597498	533529	468476	650190	6188390

表 9 - 5　2010 ~ 2012 年生活给水量　m^3

项目	1 月	2 月	3 月	4 月	5 月	6 月	7 月	8 月	9 月	10 月	11 月	12 月	合计
2010 年生活给水量	61244	53531	73028	112029	69948	71484	—	—	—	—	—	—	441264
2011 年生活给水量	73834	77141	72400	88893	77384	73159	71373	76191	71615	66552	61711	58827	869080
2012 年生活给水量	65244	60626	65047	57851	60370	66478	74389	78879	69015	23806	67123	70009	758837

二、污水处理场

普光污水处理场污水处理规模设计为 720 m³/d。根据清污分流的原则将污水分为生产污水和初期雨水两个系列合理调配进行处理。将生产污水和初期雨水分别在调节罐内储存或稀释，生产污水污染物含量相对较高且不易处理的污水与初期雨水合理调配，然后进入 SBR 反应池进行生物处理，SBR 池耐冲击负荷能力强，可根据进水水质和水量的变化调节处理比例，以起到稀释的作用。本场中设置两个 SBR 反应池，因此既可间歇进水也可连续进水，但在生化反应阶段宜不进水，从反应形式来看，曝气池内混合液为完全混合，曝气时间短且效率高，且可以保证出水水质。再经混凝反应和流砂过滤器深度处理，最后通过监控合格后排入后河。

在生产运行中，联合装置正常生产时，生产污水量较少，COD 和氨氮含量较低，污水处理难度小，处理后的污水水质较好。当联合装置检修时，生产污水中悬浮物含量高、硫化物高、COD 和 MDEA 含量也高，并且含有大量的化学清洗剂和钝化剂，因此活性污泥难以有效处理。为满足生产需要，一方面需要加强生产污水来水水质监控，及时掌握水质动态；另一方面，需要通过生活污水、雨水和高浓度污水合理调配进行少量处理，避免对活性污泥造成冲击或者污泥死亡。

随着联合装置投入运行系列增加和检修频次的增加，检修污水和生产污水处理量也逐年增加。2011 年月平均污水处理量 $1.23 \times 10^4 m^3$，2012 年月污水平均处理量为 $1.26 \times 10^4 m^3$。详见表 9 - 6。

表 9 - 6　2011、2012 年外排污水量　　　　t

项目	1 月	2 月	3 月	4 月	5 月	6 月	7 月	8 月	9 月	10 月	11 月	12 月	合计
2011 年外排污水量	11274	10161	7768	4606	15420	14087	17159	17041	11363	14444	13805	10715	147843
2012 年外排污水量	10175	9973	13906	9403	6674	15508	17624	8242	10200	17966	17714	13399	150784

三、循环水系统

普光天然气净化厂循环水场设计规模 54139m³/h，选用 12 座（原 15 座）4500m³/h 逆流凉水塔。循环水系统分为两部分：第一系统循环水设计用量为正常 14846m³/h，最大用量 18573m³/h，设计规模 21750m³/h，选用 5 座（原 6 座）4500m³/h 逆流凉水塔，旁滤部分设置 4 台自动纤维过滤器；第二系统循环水设计用量为正常 20875m³/h，最大用量 26658m³/h，设计规模 32389m³/h，选用 7 座（原 9 座）4500m³/h 逆流凉水塔；旁滤部分设置 6 台自动纤维过滤器。一、二循系统各设置一套自动加药设施和一套水质监测智能监测换热器。

本装置采用的是敞开式循环冷却水系统，水的冷却主要在冷却塔内完成。循环水处理采用纤维过滤器去除循环水中悬浮杂质，采用化学加药方法投加缓蚀阻垢剂，防止系统的腐蚀与结垢，投加杀菌剂控制循环水中微生物的生长和繁殖，以保持整个循环水系统正常运行。

第 I 循环水场供水范围包括公用工程系统、第一、第二联合装置。其中，分布在联合装置内循环冷却水主要用户包括：中间胺液冷却器（E-105）、贫液后冷器（E-106A/B）、急冷水后冷器（E-403）、汽提后净化水冷却器（E-503）和装置内机泵，被冷却的介质包括半富胺液、贫胺液、急冷水、净化水和润滑油等。第 II 循环水场供水范围包括第三~第六联合装置、硫磺储运系统。与 I 循相同，II 循冷却水用户主要分布在联合装置内，换热介质包括半富胺液、贫胺液、UDS 与 MDEA 混合溶液、急冷水、净化水和润滑油等。

在生产中，由于一循补水主要是新鲜水，并且对联合装置供给的循环水量较少（只有一二联合），因此发生换热器泄漏的次数较少，因此水质较好。而二循补水包括锅炉排污水、新鲜水和酸性汽提水，水质复杂且酸性汽提水水质水量不稳定，铁离子和硫化物易超标，因此造成二循水质差，并且由于装置内循环水换热器易泄漏，增加了二循水质控制难度。

随着装置负荷和原料气处理量的逐年提高，循环给水量也逐渐提高。2010 年月平均循环水量为 $1949 \times 10^4 m^3$，2011 年月平均循环水量为 $2406 \times 10^4 m^3$，2012 年月平均循环水量为 $2648 \times 10^4 m^3$。2010 年月平均补水量为 $20.47 \times 10^4 m^3$，2011 年月平均补水量为 $25.31 \times 10^4 m^3$，2012 年月平均补水量为 $23.46 \times 10^4 m^3$。详见表 9-7、表 9-8。

表 9-7　2010~2012 年循环给水量　　　　　　　　　　　　m^3

项目	1 月	2 月	3 月	4 月	5 月	6 月	7 月	8 月	9 月	10 月	11 月	12 月
2010 年循环给水		16851854	14782823	20215508	5995144	24066556	22121285	23320762	26456434	20333389	21294939	19022756
2011 年循环给水	19667901	22882581	19353860	24693214	23086150	25424142	29269417	26009052	23787436	24473825	24752960	25361478
2012 年循环给水	23497533	24327754	27355276	26660326	27904245	25072428	26197996	26621356	26742027	29316776	26960036	27162238

表 9-8　2010~2012 年循环补水量　　　　　　　　　　　　m^3

项目	1 月	2 月	3 月	4 月	5 月	6 月	7 月	8 月	9 月	10 月	11 月	12 月
2010 年循环给水	332110	160408	203379	229242	185691	140779	180960	203377	186309	186408	187061	260678
2011 年循环给水	339265	311451	151346	352133	279774	356028	258162	224285	206145	201584	165824	191606
2012 年循环给水	200055	130576	175653	189689	191851	211592	332541	304980	326325	244510	197642	310435

四、水处理站运行情况

普光天然气净化厂水处理站包括新鲜水处理和凝结水处理两部分。根据原水水质资料，选用一级过滤、两级离子交换除盐工艺（即：预处理采用活性炭过滤；一级除盐采用阴、阳双室浮床＋除碳工艺；二级除盐采用混床），设计处理量为 400 t/h，最大为 750t/h。凝结水系统凝结水站设计规模为 1500t/h，首先对全厂回收的凝结水进行换热处理，然后进入精密过滤器和活性炭过滤器进行过滤，最后采用二级凝液混床进行除盐处理。除盐水与处理后的凝结水混合后外供，以满足锅炉给水的需要，同时满足全厂其他生产装置对除盐水的需求。本工艺由预处理系统、除盐系统、酸碱再生系统、废水中和系统及自动加氨系统五部分组成。

在生产运行中，随着河水含盐量的季节性变化，在冬春季节，河水含盐量高，系统的周期制水量较低，酸碱耗量高；在夏秋季节，河水含盐量低，系统的周期制水量较高，酸碱耗量低。随着联合装置投产系列和负荷的增加，装置所需除盐水量也逐渐增加，2010 年月平均外供除盐水量为 $44.90 \times 10^4 m^3$，2011 年月平均外供除盐水量为 $62.20 \times 10^4 m^3$，2012 年月平均外供除盐水量为 $69.05 \times 10^4 m^3$。见表 9 – 9。

表 9 – 9　2010 ~ 2012 年除盐水量　　　　　　　　　　　　　　t

除盐水量	1 月	2 月	3 月	4 月	5 月	6 月	7 月	8 月	9 月	10 月	11 月	12 月	合计
2010 年			286985	422583	403760	396030	397767	460104	473562	517070	560364	572715	4490940
2011 年	599263	626523	531483	677251	610334	631105	636723	655134	632900	623334	587245	652196	7463491
2012 年	636113	622170	781567	670556	734598	655147	690129	692483	698151	743473	640786	720908	8286081

第五节　污水处理系统运行

一、污水系统

目前，普光气田产出污水根据污水性质主要包括气井产出凝析水、气井产出地层水、沿途管线内凝析水、集气站和净化厂检修污水、雨水及退渣场污水等，其来源分为以下四部分：

（1）集气总站分离器分离出的凝析水。主要是普光主体 16 座集气站 – 集气总站管线、大湾 402 集气站 – 大湾 401 集气站 – 集气总站管线凝析水（气液混输后分离），目前日产约 300m³/d，年产污水 $12.04 \times 10^4 m^3$。

（2）大湾 403 集气站分水分离器分离出的凝析水。主要是大湾 405 集气站、大湾 404 集气站、毛坝 503 集气站、毛坝 502 集气站混输至大湾 403 集气站分离出的凝析水，目前日产约 50m³/d，年产污水 $0.96 \times 10^4 m^3$。

（3）密闭罐车拉液。主要是 P103 – 1 井、P105 – 2H 井产出的地层水和凝析水，以及大湾区块气井产出酸液，目前日产约 160m³/d，年产污水 $2.54 \times 10^4 m^3$。

（4）净化厂日常检修污水及其他污水。包括检修污水及堆渣场污水等，目前日产约 40m³/d，年产污水 $1.95 \times 10^4 m^3$。

污水处理系统运行情况见图 9 – 2。

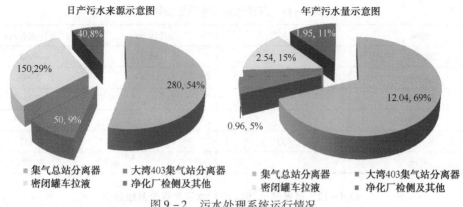

图 9 - 2 污水处理系统运行情况

二、污水回注现状

2012 年生产的污水回注井 4 口：普光 11 井、回注 1 井、毛开 1 井、毛坝 7 井，日均注水量 477.60m³，年注水量 17.48×10⁴m³，累计注水量 39.43×10⁴m³。详见表 9 - 10

表 9 - 10 普光气田 2012 年污水回注情况统计表

井名	注水井段	注水层位	厚度/层数(m/层)	泵压/MPa	日均注水/m³	年注/10⁴m³	累注/10⁴m³
普光 11	5546.5~5754.4	T_1f_{1-3}	121.6 /17	25.2	238.25	8.72	19.82
毛开 1	2235.0~3790.0	T_1j_1、T_2l_{1-2}	120.0/6	28.5	83.88	3.07	3.48
回注 1	2390.4~2719.5	T_3x_{2-4}	154.1/16		155.46	5.69	16.13
合计					477.60	17.48	39.43

随着气田的开发生产，污水产生与回注量逐年上升，且增幅较大，2012 年回注污水量较去年上升了 3.79×10⁴m³，同时随着大湾区块气井全面投产，以及普光主体两口井产出地层水，2012 年月度污水回注量也呈稳中有升的趋势。以目前趋势，考虑气田生产情况以及地层水出水情况，现有的两口污水回注井负担较大，注水形势严峻。

图 9 - 3 和表 9 - 11 展示了 2008~2012 年普光气田污水回注情况。

表 9 - 12，表 9 - 13 列出了普光气田污水回注量及污水处理量的分月情况。

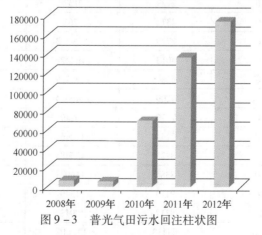

图 9 - 3 普光气田污水回注柱状图

表9-11 普光气田污水回注统计表

时间	开井数	日注/m³	年注水量/m³
2008 年	1	39.3	6882
2009 年	1	16.4	5992
2010 年	2	190.5	69688
2011 年	3	375.1	136917
2012 年	3	477.6	174813
累计			394292

表9-12 普光气田2012年污水回注量分月统计表

月份	回注井数	开井数	月注/m³	年注/m³	累注/m³
2012 年 1 月	3	3	14972	14972	234451
2012 年 2 月	3	3	11246	26218	245697
2012 年 3 月	3	3	13871	40089	259568
2012 年 4 月	3	3	13731	53820	273299
2012 年 5 月	3	3	14795	68615	288094
2012 年 6 月	3	3	12766	81381	300860
2012 年 7 月	3	3	17263	98644	318123
2012 年 8 月	3	3	16048	114692	334171
2012 年 9 月	3	3	15498	130190	349669
2012 年 10 月	3	2	12206	142396	361875
2012 年 11 月	3	2	15718	158114	377593
2012 年 12 月	3	2	16699	174813	394292

表9-13 普光气田赵家坝污水站处理月度污水处理量

月份	2009 年	2010 年	2011 年	2012 年	2013 年
一月	0	2729	9137	14320	15514
二月	0	2372	9761	10404	14533
三月	0	2779	13093.3	13034	16085
四月	0	4013	10222	13385	
五月	0	4280	10932.9	13271	
六月	0	4209	10460.4	11481	
七月	0	7270	10240	14545	
八月	0	7744	11066	14272	
九月	0	8225	13338	14692	
十月	0	8384	11603	11245	
十一月	266	9113	11349	12644	
十二月	1271	8317	10913	13898	
合计	1537	69435	132116	157191	46132

第六节　消防水系统运行

一、集输系统消防水系统

从普光主体16座集气站消防喷淋系统实际试运应用情况看来，高压水雾可以覆盖整个设备区、井口区、外输阀组区等高危泄漏区域，能够有效地降低设备泄漏时的硫化氢浓度，降低站场火灾发生概率等。

1. 涉硫作业

为防止涉硫作业过程中硫化亚铁自燃的发生，需要对作业过程采取湿式作业。消防喷淋系统可以提供必要的作业湿度，降低硫化亚铁自燃现象的发生，减少如缓蚀剂批处理、设备拆卸维修等涉硫作业过程中消防车辆的动用率。

2. 提高风险消减速度，为救援赢得时间

集气站站场发生硫化氢泄漏时，消防喷淋系统可以有效地稀释硫化氢，降低硫化氢的浓度，减缓硫化氢的扩散速度，降低火灾、爆炸等事故概率，为消防车、强风车赶到现场营救赢得安全时间，提高现场作业人员的安全系数。

3. 应用安全效果

通过定期消防喷淋系统应急演练效果评价，高压水雾有效作用范围直径大于等于30m，可以覆盖整个设备区、井口区、外输阀组区等高危泄漏区域，能够有效降低设备泄漏时的硫化氢浓度，降低站场火灾发生概率等。消防水泵和消防水炮可以实施远程启停控制，水泵流量在200m³/L左右，消防水炮流量在40L/s，回转角度为360°，污水回收系统能够安全顺利收集稀释后的污水，达到了在现场出现酸气泄漏时稀释的效果，确保了集气站场的安全平稳运行。见图9-4、图9-5。

图9-4　P301集气站消防喷淋系统覆盖阀组区

二、净化处理消防水系统

净化水场负责全厂区域内及厂外配套工程的消防稳压及给水系统，供应系统管道工

图 9-5 P301 集气站消防喷淋系统覆盖设备区

作压力 0.7~1.3MPa(g)，供给各生产装置区、罐区及辅助生产设施等火灾时消防用水。每周一进行一次消防水泵启动试验，以满足消防系统正常顺利运行。

第七节 高浊度水事件处理实例

实例一：

2010 年 7 月 4 日凌晨，由于普光地区受暴雨袭击及上游地区山洪的影响，后河水源流量急剧上升，原水浊度从 20NTU 迅速上升到 500 NTU 到 13 时上升至 1200 NTU，晚上 20 时逐步上升到了 8300 NTU 以上，监测仪表已经无法检测到数据。为确保净化厂正常生产用水安全，紧急启动了一级应急预案，对来水、半成品产品水进行定时监控，将来水化验频次由每 2h1 次，加密到每 1h1 次，在浊度超高期间加密到半小时 1 次，及时掌握水质情况，并根据化验数据不断调整加药量。对原水处理流量进行降量控制，流量控制在 600m³/h 以内，从而降低系统负荷。根据化验数据和原水流量增大 PAC、PAM 投加量，加氯量调整到最大值对水质进行消毒；技术人员及时对 PLC 系统进行调整，增加排砂和排泥频次，1 次/h，自动排泥每个阀排泥时间不少于 3min；排泥全部排至雨水系统。为了保证全厂必须的生产给水供给，对用水量及时进行了调控：联系调度降低全厂非急用水量，对循环水的补水进行了控制，凉水池补水最低液位控制在 3.9m，夜间停运了 4 台风机以降低循环水风吹损耗量，力保水处理站的生产用水，同时 7 月 4 日晚上 21 时 30 至次日早上 6 时对装置和生活区的生活给水切断，以保证生产给水的供给。

7 月 5 日 12 时，原水浊度下降到了 750NTU，经过 30 多小时的监控和工艺调整，终于恢复了正常供水流量。经过本次暴雨事故处理后，为提高以后净化水场对暴雨袭击的冲击，公用工程车间组织人员对 40m² 的斜板进行了更换和冲洗，并对沉砂池进行了清理和冲洗，同时对极端条件下的原水处理预案进行了完善。

实例二：

2010 年 7 月 17 日早上 8 时，净化水场的原水浊度由小雨期间的 300NTU 上升为 1700NTU，10 时已达到 7200NTU，12 时飙升到 16300NTU，上升速度之快和幅度之大前所未有。公用工程车间立即启动紧急预案，并根据现场水质变化情况组织相关人员加大化验频次，化验频次最大增加到半小时1次，并根据化验数据和原水流量增大PAC、PAM投加量，加氯量调整到最大值对水质进行消毒；技术人员及时对PLC系统进行调整，增加排砂和排泥频次，1次/h，自动排泥每个阀排泥时间不少于3min；排泥全部排至雨水系统。组织人员加紧巡回检查，并对仪表井的积水及时进行排除，避免仪表问题对生产造成影响。为了保证全厂必须的生产给水供给，对用水量及时进行了调控，降低全厂非急用水量，降低循环水补水，力保水处理站的生产用水。在7月17日晚21时，原水流量已下降为2180m³/h，而水源泵站泵不上量，单台泵的流量从850m³/h下降为530m³/h，可能为泵入口处有杂物堵塞。为保证全厂的用水量，公用工程车间联系泵站增开一台泵，流量控制在1200m³/h。通过以上措施，保证了在来水水质最差状况下的平稳生产，为来水水质好转赢得了时间，并在来水水质好转后及时加大处理量，使清水罐恢复到高液位，使生产恢复了正常。

水源冲击时的相关照片见图9-6~图9-14。

图9-6　7月4日后河水源河道情况

图9-7　7月17日水位变化对比，18日水位已漫过桥架并且将其冲坏

图9-8　7月4日18时左右原水浊度迅速增加显示情况

图9-9　7月17日浊度超过检测仪器的最大量程，靠目测判断和化验数据加药

图9-10　第一次暴雨过后，尽快安排清理絮凝
沉淀池并更换大量新斜板

图9-11　7月4日絮凝池入口处情况：
加药后初步分层明显

图9-12　7月17日后河来水犹如黄河水，
一碗水半碗泥

图9-13　7月4日絮凝沉淀池情况：
此时絮凝水浊度约20NTU左右

图9-14　7月19日恢复正常后絮
凝沉淀池水质情况

两次暴雨时原水浊度变化曲线见图9-15、图9-16。

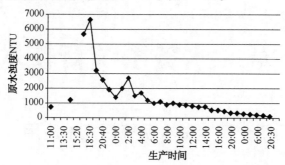

图9-15 7月4~5日暴雨期间生产时间和原水浊度关系曲线图

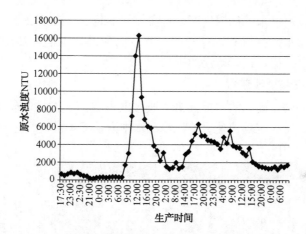

图9-16 7月17~20日暴雨期间生产时间和原水浊度关系曲线图

第十章　水务系统新技术应用

第一节　供水系统新技术应用

一、新技术改造和取得的成果

后河取水泵站投产以来，根据生产运行实际，不断进行技术改造。改造了集水池进水闸阀、排沙泵、潜水搅拌机和冲沙管线，有效地降低集水池泥沙淤积，提高排沙效率，降低了泥沙对泵站稳定运行造成的影响。

1. 在集水池内安装搅沙装置

在集水池中安装两台高速潜水搅拌机，通过电机驱动下搅拌叶轮的旋转搅拌原水，产生旋向射流，并保持一定的流速，使泥沙在水中紊动而不沉淀，达到减缓集水池内泥沙沉降的效果。见图 10 - 1。

图 10 - 1　高速潜水搅拌机

两台潜水搅拌机分别安装在泵组吸水口之间（射流方向为挡沙墙）和泵与集沙坑之间（射流方向为集沙坑）。

2. 在集水池内安装冲沙装置

在排沙泵与进水口之间安装 1 台搅拌式潜水泵作为冲沙泵，冲沙管线引至集水池进水闸阀下方。对集水池进水闸阀处的泥沙进行冲沙。

3. 加大排沙泵排沙能力

拆除原有流量为 $25m^3/h$ 的 2 台排沙泵，在原有位置安装流量为 $80m^3/h$ 的搅拌式排沙泵。

4. 增高挡沙墙

预制 1.5m 混凝土挡沙墙，分块吊装入集水池安装，安装位置与原挡沙墙保持一致。见图 10 - 2。

图 10 – 2 增高挡沙墙及排沙泵施工

通过对集水池的技术改造和潜水搅拌机的投用,集水池内积沙情况得到了改善。2010～2012 年集水池泥沙淤积厚度对比见表 10 – 1。

表 10 – 1 2010～2012 年集水池泥沙淤积厚度 cm

时 间	进水阀	挡沙墙至百叶窗之间	挡沙墙至泵组之间	集沙坑
2010. 7. 24	50	150	100	150
2011. 8. 8	40	140	80	120
2012. 7. 25	5	150	20	50

通过表 10 – 1 统计数据对比,可以发现,挡沙墙至泵组吸水口之间、进水闸阀和集沙坑处泥沙淤积明显减少,证明改造后的搅、排沙装置起到了很好的防止泵组吸水口周围泥沙沉淀作用,挡沙墙起到了明显的挡沙作用。

二、下一步技术改造

后河取水泵站在泥沙治理工作中,先期进行了集水池内部的改造,降低了泥沙在集水池内的淤积。下一步将对取水头的泥沙淤积进行改造治理。改造治理思路为对现有的泵站集水池冲沙管线进行改造,在集水池引水管线上安装反冲洗管线,使用输水管线内的水对取水头进行反冲洗,通过集水池内冲沙管线流程的倒运,达到对取水头周围淤泥清理的目的。

后河泵站集水池现有的铸铁进水格栅,锈蚀起泡严重影响进水量,为确保百叶窗的有效进水量,将现有百叶窗改造为不锈钢材质可拆卸式百叶窗。

三、新技术应用的探讨

普光气田生活供水泵站分布于达州基地、前指生活区、生产管理中心生活区、毛坝生活区和达州物资储备中心,供水设备运行信息的收集需要人工进行,且点多面广,在信息的采集及时性上较差。可以建设一套远程供水信息的监控系统对各泵站的运行状况进行实施监控。

具体构想如下:

在各泵站架设信息采集器,采集泵站运行数据,所采集的数据通过网络信号(或无线信号)传输至各终端采集设备,终端采集设备通过网络将相关数据传输到服务器,终端用户可以通过软件平台随时监控泵站运行情况。

第二节 集输系统新技术应用

一、新技术改造和取得成果

1. 污油回收改造

2010 年 9 月 6 日~10 月 22 日改造了污水站污油回收装置，解决了污水含油高的问题。

（1）优化方案

① 收油流程：

压力沉降罐顶部收油→污油回收罐（图 10-3）→螺杆泵→装车

图 10-3 污油回收罐

② 污水回收流程：

污油回收罐→污水池

③ 污油回收罐气相空间 H_2S 处理流程：

污油回收罐→引气至污水池→（原有）空间除硫装置→排空

（2）污水站密闭气低压放空缓冲改造

2010 年 9 月 28~30 日改造了污水站低压放空，解决了气动闸门失效或误操作时，污水罐密闭气携带污水通过低压放空管网进入净化厂放空系统的隐患。

2012 年 6 月 15 日~20 日新增一台火炬分液罐作为放空分液罐（图 10-4），替代了原来临时改造的事故缓冲罐，保证了污水站紧急情况下的有效缓冲。

图 10-4 放空分液罐

2. 污水外输管线清水置换

2010 年 10 月 22 日~10 月 28 日改造了污水站外输管线清水置换工艺。解决了污水外输玻璃钢管线泄漏故障污水渗漏量的问题。清水罐见图 10 - 5。

图 10 - 5 清水罐

3. 空间除硫装置

2011 年 1 月 20 日 ~ 3 月 12 日改造了污水池空间除硫装置(图 10 - 6)。解决了空间除硫装置由于工况变化,进入除硫装置硫化氢浓度高、不稳定,难净化处理的问题。新增的空间除硫装置包括一套碱洗塔、一套氧化塔及一台生物除硫装置。

图 10 - 6 空间除硫装置

4. 赵家坝污水站优化改造

2012 年元月进场施工,5 月 29 日 19 点正常投运,主要包括:预处理三段污水池及配套机泵,加药系统,污水池硫化氢引风及除硫装置,解决了总站来水量大对系统的冲击。

5. 集气总站并网工程

2011 年 10 月 ~ 2012 年 4 月进行了集气总站并网工程,目的是实现接收大湾区块集气站来酸气,并进行气液分离、计量。

并网工程流程:

大湾线来气→进站阀组→生产分离器→计量外输

6. 污水气提塔适应性改造

2011 年 10 月 ~ 2012 年 4 月改造了集气总站污水气提塔,解决了高压污水操作风险高的隐患。

2011 年 10 月 ~ 2012 年 4 月新增一座污水缓冲罐对高压污水进行缓冲沉降,新增一座污水气提塔，实现了污水气提塔的一备一用，保证了污水得到有效的气提。

7. 排污管线改造

2012年4月改造了总站排污管线。实现了冲砂、容器排污等管线的标准化，提高了排污系统异常情况下生产保障能力。

8. 空间除硫

有毒有害气体处理技术主要借助物理、化学、生物手段，或其联合工艺，通过稀释中和、吸收转化或生物降解等过程，达到无害化处理目的。

赵家坝污水站污水池气相空间存在着大量 H_2S 气体，依靠除硫装置处理合格后外排。污水站用空间除硫装置采用氧化、碱洗两级预处理，再利用生物降解法处理，混合气体通过生物滤池时，与附着在填料上的生物进行接触，生物体通过自身的生化反应，完成对混合气体中含硫组分的吸收，转化为二氧化碳、水和维持生物体新陈代谢原料。最后经过活性炭吸附，尾气达标外排。见框图 10 - 7。

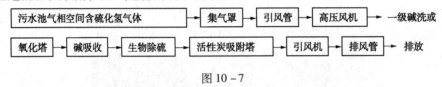

图 10 - 7

9. 污水缓冲

工业来水杂质多，且黏度大，污水气提塔填料易堵塞。针对这种情况新增加了污水缓冲罐，来水进入污水缓冲罐，黏稠物、杂质等沉积在罐底，通过日常排污和冲砂除去，实现了气提塔的高效稳定运行。

10. 溶气气浮装置

溶气气浮装置主要功能为对接收气浮池进行溶气气浮处理，可有效降低来液中 H_2S 和油的含量。

原水进入气浮池的接触区，与释放后的溶气水充分混合接触。使水中絮体或悬浮物充分吸收粘附微小气泡，然后进入气浮分离区。絮体或悬浮物在微气泡浮力的作用下浮向水面形成浮渣层，水面上的浮渣聚集到一定厚度后，自溢流进污油池。

第三节　净化系统新技术应用

为加强循环水系统的管理，提高管理水平，减少系统内部的生物黏泥，减缓系统设备的腐蚀结垢，延长系统设备使用寿命，2013年5月5日开始，普光分公司引进水技术处理公司开展Ⅱ循水系统腐蚀、污垢及微生物控制现场应用试验课题研究工作。自5月份项目实施以来，陆续取得了多项成果：

1. 汽提水硫化物去除率 93.3%，降低了系统腐蚀压力

汽提水预处理装置7月23日投运到10月，加药前汽提水硫化物平均值为 0.30mg/L，加药后硫化物平均值为 0.02mg/L，硫化物去除率为93.3%，表现出较好的硫化物去除能力。

2. 微生物黏泥有效剥离，换热效率提高10%

通过弱氧化性微生物控制方案的实施，微生物得到有效控制，系统黏泥逐步剥离，清理黏泥总计 17018kg。厚度的微生物黏泥层可降低传热效率，实测系统瞬时换热量由 5 月初的 $120 \times 10^9 cal/h$（$1cal = 4.18J$），提高至目前的 $135 \times 10^9 cal/h$，系统总体换热效率提高约10%。

3. 系统实现水质关键指标实时监控及预警

OnGuard 系统（图 10-8）自投用以来，对 pH、ORP、电导率、浊度、沉积速率、腐蚀速率等关键指标进行了实时监测，同时对各联合装置回水 COD 数据及汽提水氨氮数据进行在线显示，实现了不间断监控，确保冷却水系统各项指标处在合理的范围内。

4. 化学处理方案得到有效验证

通过采用无磷冷却水处理方案，循环水总磷从

图 10-8 On Guard 在线监控系统

5 月初平均 6.24mg/L 降至平均 2.91mg/L 总磷降低 53.4%，大幅降低了对环境的影响。

经过近一月的缓蚀、阻垢、微生物控制及黏泥剥离工作，系统各方面状况逐步改善。目前 II 循系统总体水质控制平稳，腐蚀、沉积及微生物得到了有效控制，微生物黏泥逐步被剥离、清理出系统；后续将继续密切监测系统水质，实现方案的平稳过渡。见表 10-2。

表 10-2 天然气净化厂 II 循系统水质情况

项目	pH	电导率	总磷	浊度	铁	NH_3-N	COD_{cr}	Cl^-	硫化物	Ca^{2+} 总碱度
标准	6.5~9.5	≤2000	≤5~12.5mg/L	≤20NTU	≤1.0mg/L	≤10mg/L	≤100mg/L	≤300mg/L	≤0.1mg/L	300~900
实际值	8.11	603	1.89	10.39	0.76	1.92	72.00	74.59	0.034	247.75

第四节 污水处理系统新技术应用

2013 年 4 月 25 日，赵家坝污水站污水处理承包商开展污水处理承包服务工作，先后完成了污水处理混合反应罐的就位、工艺流程的局部完善与连接、污水处理配套药剂的安置就位、加药泵及工艺流程的连接、控制电路的完善、实验室营房的就位、以及服务人员的厂级、站级安全教育培训等工作。

6 月 9 日~16 日对滤后及外输水质进行检测，各项水质指标显著提高，17~24 日对滤后与外输水质进行检测，滤后水质基本达到规定标准，只是水质稳定剂暂因没有合适的加药装置与加药口位置而无法正常投加，污水的含氧指标较高，正在落实投加。目前处理水质稳定、达标。

第十一章　系统注水

普光气田目前有污水回注井 4 口：普光 11 井、回注 1 井、毛开 1 井、回注 1 井。其中，回注 1 井已于 2012 年 9 月份停止注水。

污水站处理后的含硫污水腐蚀性较强。回注水水质指标如下：

矿化度：最高 110000mg/L；

硫化氢含量：最高 300mg/L；

pH：约等于 7；

悬浮物含量：≤200mg/L；

悬浮物固体含量：≤2.0mg/L；

悬浮物粒径中值：≤1.5μm；

含油：<6.0mg/L。

第一节　普 光 11 井

普光 11 井构造上属川东断褶带黄金口构造带普光构造西翼断下盘。主要目的层为长兴组礁－滩组合、飞仙关组鲕滩储层，兼探下三叠统嘉陵江组、中三叠统雷口坡组、上三叠统须家河组及下侏罗统自流井组，设计井深 5995m。

生产工艺过程描述：生产污水经污水处理站处理后，由压力缓冲罐（事故压力缓冲罐）经污水外输泵增压后进入计量阀组，再经外输高压玻璃钢管道至分线阀组后，分别输送到普光 11 井和回注 1 井，由高压注水泵将站内污水注入地层。如遇外输管线出现异常，可由密闭吸污罐车通过污水站装车鹤管拉水至回注井场后，由污水卸车泵打入井场高架注水罐，再由高压注水泵回注至地层。

一、工艺原理

通过高压柱塞泵将赵家坝污水站处理后的污水注入地层，达到清洁生产的目的。图 11－1 为普光 11 井平面布置图，图 11－2 为普光 11 井采气树结构图。

二、工艺流程

污水回注工艺流程见图 11－3。具体为：

污水处理站处理后污水→污水外输管线→注水泵→注水井→回注地层

罐车拉运污水→高架注水罐→注水泵→注水井→回注地层

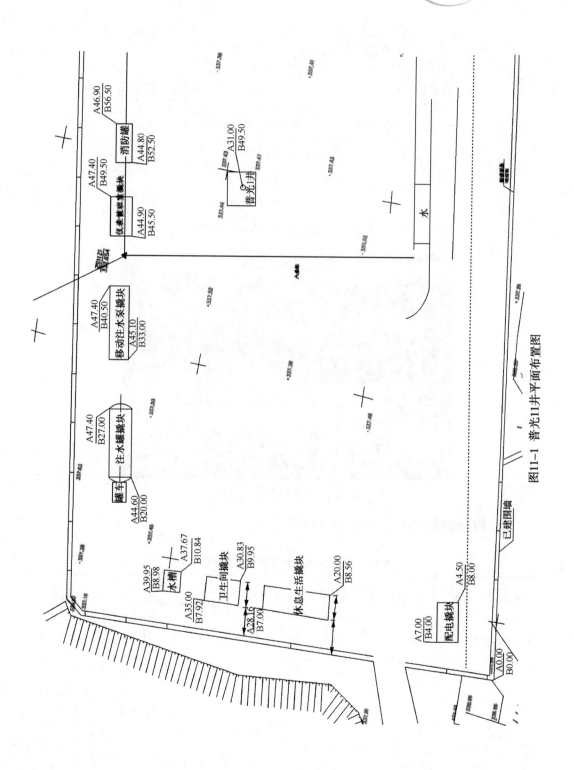

图11-1 普光11井平面布置图

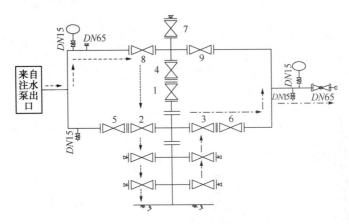

图 11 - 2 普光 11 井采气树结构图

图 11 - 3 污水回注工艺流程

三、控制参数（表 11 - 1 ~ 表 11 - 3）。

表 11 - 1 污水回注站仪器仪表参数统计表

标签名称	范围	单位	控制设定值	低低报警值	低报值	高报值	高高报值	输入输出类型	描　　述
LIT - 3001	0 ~ 2.6m	m	HH：2.4 LL：0.4	0.4	0.5	2.3	2.4	AI	高架注水罐液位检测
PIT - 3001	0 ~ 6MPa	MPa		0.03	0.05			AI	注水泵进口压力检测
PIT - 3003	0 ~ 1.5MPa	MPa			0.05			AI	注水泵润滑油油压检测
XC - 3002								DO	停卸车泵
XC - 3001								DO	停注水泵
PIT - 3002	0 ~ 60MPa	MPa				34.0	36.0	AI	注水泵出口压力检测

标签名称	范围	单位	控制设定值	低低报警值	低报值	高报值	高高报值	输入输出类型	描　述
FQIT－3001	0～45m³/h	m³/h						AI	注水泵进口流量检测
XI－3001								DI	注水泵运行状态
XI－3002								DI	卸车泵运行状态
AT－3001	0～100ppm	ppm				10	20	AI	井口硫化氢气体检测
GD－3001	0～100%	LEL				25	50	AI	井口可燃气体检测

表11－2　污水站内回注工艺控制内容

设备名称	数量	控制内容	备注
事故压力缓冲罐撬块	1套(2罐)	(1)当已建压力缓冲罐达到极限高液位(2.6m)时，开事故罐进水自动阀；事故罐极限高液位(2.6m)，关事故罐进水自动阀； (2)事故罐低液位(1.3m)声光报警，极限低液位(0.9m)，关闭出水自动阀；	事故压力缓冲罐一次仪表由撬块供货商配套
污水外输泵	3台	(1)通过变频器调整使输出管路出口压力恒定在(2.0MPa)； (2)低液位(0.8m)声光报警，极限低液位(0.5m)，联锁停在运外输泵； (3)外输泵单泵出口压力(0～4MPa)监测	压力缓冲罐液撬块和污水外输泵撬块已配套液位测量仪表
计量阀组	1个	对外输水量(0～40m³/h)、压力(0～4MPa)进行监测	
分线阀组流量计	3个	设流量(0～20m³/h)就地显示	

表11－3　主要设备性能参数和控制内容

设备名称	数量	控制内容	备注
注水泵撬块	2座	(1)单泵进口压力连续(0～2.5MPa)监测，低压(0.05MPa)声光报警，极限低压(0.03MPa)联锁停泵、声光报警； (2)单泵出口压力(0～37MPa)连续监测，高压(34MPa)声光报警，极限高压(35MPa)联锁停泵、声光报警； (3)单泵进水流量(0～12m³/h)联续监测； (4)注水泵润滑油压(0.2～0.3MPa)监测，低压(0.05MPa)声光报警，联锁停机	注水泵撬块自带流量计、压力表等一次仪表
注水井口	2座	油压(0～40MPa)现场显示； 套压(0～40MPa)现场显示	
高架注水罐撬块	2座	(1)液位(0.4～2.4m)连续监测，现场显示； (2)高液位(2.0m)声光报警，极限高液位(2.4m)声光报警，联锁停卸车泵(撬块配套)； (3)低液位(0.5m)声光报警，极限低液位(0.4m)停注水泵	注水罐撬块自带液位计等一次仪表

四、主要设备设施

1. 高架注水罐撬块（图11-4）

图11-4　普光11井高架注水罐

高架注水罐（V-3001/3002）选用2800（ID）×7000（S/S）常压钢制卧式容器。罐体材料为：Q235-B，支架高3.5m，有效容积49.34m³。

注水罐顶设阻火器及排气弯管，规格DN100、PN1.6MPa。罐侧设液位计接口，规格DN50、PN1.6MPa；液位采用远程位式控制方式。

2. 高压注水泵撬块

高压柱塞泵工作原理：泵工作时，电动机通过皮带，将动力传递给曲轴，曲轴的圆周运动带动连杆、十字头、柱塞做往复直线运动，从而实现动力传递工作过程。当十字头带动柱塞开始往复运动的同时，泵头内组合阀（进、排液阀）开始进入工作状态。当柱塞离开泵头体向注水泵箱体方向运动时，排液阀关闭，进液阀打开，经低压进口管道的液体介质通过进液阀吸入泵头腔内；当柱塞向泵头体方向运动时，进液阀关闭，排液阀打开，通过柱塞对泵头腔内液体介质增压后，排液阀打开将液体介质排到出口高压管道中去。如此循环反复进行，不断将低压液体介质增压后通过高压管道输送至用户所需的地方，从而实现泵的功能。

主要由动力端和液力端两大部分组成，并附有皮带轮、止回阀、安全阀、稳压器等组件。

型号：3DS-12/37；

排量：12.0m³/h；

注水压力：37.0MPa；

吸入水压：0.03MPa；

转速：388r/min；

柱塞行程：120mm；

柱塞直径：ϕ45mm；

电机型号：YB315L-4；

电机功率：160kW；

现场操作：

（1）操作前必须穿戴好个人防护设备，女工必须把头发盘入安全帽；

（2）现场作业必须做到一人操作一人监护；

（3）电机连续启动时间间隔不小于2min，在冷态下允许连续启动三次，热态下允许连续启动两次；

（4）注水泵夏季空载运行3~5min；冬季空运10~15min；

（5）如长时间停泵，必须保证每天盘泵，并做好记录；

（6）自动保护引起的停机事件，应迅速查明原因，排除故障后方可再次启泵；

（7）高压注水泵撬块内部空间狭小，巡检操作避免造成划伤、滑跌；

（8）注水泵操作箱内硫化氢易聚集，巡检时保证撬块内通风良好，避免造成人员中毒；

（9）如遇紧急情况可在仪表值班室PLC显示界面直接点按注水泵"停止"按钮停运注水泵。

3. 配电撬块

撬装式配电室尺寸为5000mm×2500mm×3000mm，装置成套185kW注水泵变频控制柜（一带一）两套，低压配电柜1面，单列单走廊。见图11-5。

变频装置可手动调节频率，可设定转速按时间变化的工艺曲线。

变频器实现闭环变频控制，在现场对泵进行变频启动。

低压配电柜负责向高架注水罐撬块、注水泵撬块、自控PLC控制盘及其他移动式注水装置区内用电设备供电。

4. 仪表值班室撬块

PLC系统主要用于移动式注水装置中的高架注水罐撬块和注水泵撬块的工艺参数检测和流程控制。

图11-5

PLC系统主要由处理器、电源模板、I/O模板、液晶显示屏、安装附件等构成。为保证系统的可用性，PLC的处理器、电源模板等按热备冗余设计。

污水回注站增压注水开机按照"先低压后高压（流程）、先静止后动力（设备）、先盘泵后送电"原则进行，严格执行回注站设备安全操作规程，确保人员和设备安全，保障注水平稳生产。见图11-6。

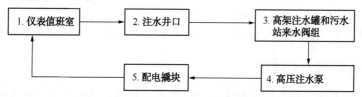

图11-6　污水回注站增压开机操作流程图

第二节　普光3井

一、基本概况

普光3井目前注水设备主要包括1座高架注水罐撬块、2座注水泵撬块、1座配电撬块、1栋仪表值班房撬块和1栋野营房撬块(值班房),设计地面注水流程与P11井基本一致。日接收及注水量160~180m³,全部为罐车转运污水。

二、工艺流程

在高架罐至1#高压注水泵管线上加装一个三通,然后用管线一路通向1#高压注水泵进口,另一路连接酸罐的总出口。在酸罐的总出口处连接一个三通,再用管线连接,一路通向2#、3#高压注水泵进口,一路与"利东"的两个污水罐出口连接,且在各个三通前加装闸阀实现分路控制。见图11-7。

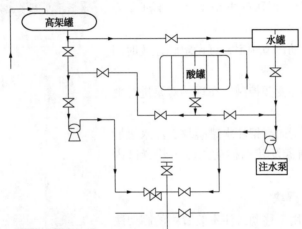

图11-7　普光3井临时工艺流程图(正式流程正在施工)

注水泵:6m³/h,电机功率110kW。

第三节　毛开1井

一、基本概况

毛开1井位于四川省宣汉县毛坝镇四村八组,目前采用双泵注水方式注水,双泵注水量为14m³/h,日注水量可以达到300m³以上,其中,拉运污水量约230m³,大湾403污水站每日输送污水约60m³。目前采取用双层合注形式,注水层位于雷口坡组一二段(T2l2),嘉陵江组一段(T1j1)。其中雷口坡组雷一、二段上下有封隔器,中间的双滑套喷砂器打开。

二、污水回注工艺流程

毛开1井污水回注站主要接收大湾403污水处理站处理后来水,污水经过高架水罐由污水回注泵增加后回注地层。流程见图11-8。

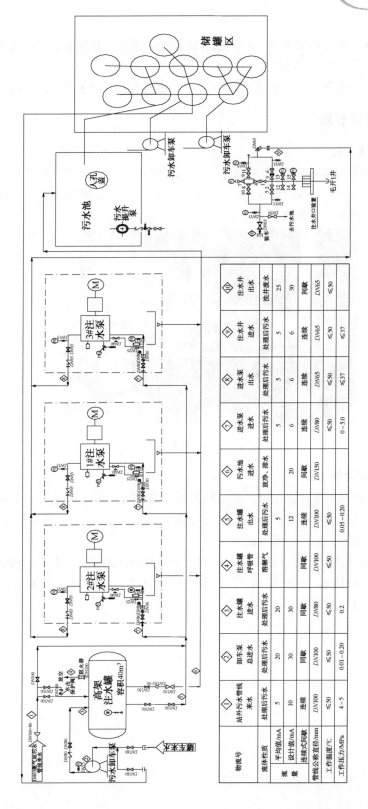

图11-8 污水回注工艺流程

物流号	①	②	③	④	⑤	⑥	⑦	⑧	⑨	⑩
	站外污水管线	卸车泵 总进水	注水罐 进水	注水罐 呼吸管	注水罐 出水	污水池 进水	进水泵 进水	进水泵 出水	注水井 进水	注水井 出水
流体性质	未处理后污水	处理后污水	处理后污水	溶解气	处理后污水	放净、排水	处理后污水	处理后污水	处理后污水	洗井废水
流量 平均值/m³/h	5	20	20		5	20	5	5	5	25
流量 设计值/m³/h	10	30	30		12		6	6	6	30
	连续	同歇	同歇	同歇	连续	同歇	连续	连续	连续	同歇
管线公称直径/mm	DN100	DN100	DN80	DN100	DN100	DN150	DN80	DN65	DN65	DN65
工作温度/℃	≤50	≤50	≤50	≤50	≤50		≤50	≤50	≤50	≤50
工作压力/MPa	4~5	0.01~0.20	0.2		0.05~0.20		0~5.0	≤37	≤37	

具体为：

大湾 403 污水处理站处理后污水→污水外输管线→毛开 1 井注水泵→注水井→回注地层

罐车拉运污水→毛开 1 井高架注水罐→毛开 1 井注水泵→注水井→回注地层

三、主要设备参数

1. 注水泵撬块 2 套

每座撬块内设 1 台高效耐腐蚀柱塞泵（过流部件采用 316L 不锈钢）和流量计，注水泵性能参数：$Q=6m^3/h$，$p=37MPa$，$\eta_b=80\%$，配套电机 $N=90kW$，$U=380V$。采取变频器控制，变频器安装在配电撬块上。见图 11 –9。

图 11 –9　注水泵撬块

2. 高架注水罐撬块 1 套

包括 1 座 $40m^3$ 钢质卧式常压罐，支架高 3.5m，顶部设气体放空管，设有液位控制设施，可保证系统平稳运行。设 1 台卸车泵，选用单级卧式离心泵，单泵性能参数为：$Q=30\ m^3/h$，$H=20m$，配套防爆电机。

由于目前污水回注形势十分紧张，所以对毛开 1 井回注站进行了改造，改造后两台注水泵可以同时进行注水，同时增加一台压裂车进行注水，以解决污水回注紧张问题，目前毛开 1 井回注站日平均注水 $400m^3$ 左右。

附录1　相关术语

电阻率：水的电阻率是指某一温度下，边长为1cm立方体水的相对两侧面间的电阻，其单位为欧姆·厘米($\Omega \cdot cm$)，一般是表示高纯水水质的参数。电阻率越高表明盐分越少，绝对纯水在25℃的理论值为18.3mΩ·cm，测定值与温度有关，温度越高，电阻率越低，反之越高。

电导率：电导率为电阻率的倒数，单位为西门子/厘米(S/cm)，由于单位较大，一般用微西门子/厘米($\mu S/cm$)，与水中盐分的多少成一定的关系统，盐分越多，电导率越高。测定值与温度有关，温度越高，电导率越高，反之越低。电导率($\mu S/cm$) = 1/电阻率($m\Omega \cdot cm$)。

TDS：即总溶解固体，指水中全部溶质的总量，包括无机物和有机物两者的含量。一般可用电导率值大概了解溶液中的盐分，一般情况下，电导率越高，盐分越高，TDS越高。在无机物中，除开溶解成离子状的成分外，还可能有呈分子状的无机物。由于天然水中所含的有机物以及呈分子状的无机物一般可以不考虑，所以一般也把含盐量称为总溶解固体。

TOC：有机化合物都是含碳化合物，所以测出水中的总有机碳(TOC)含量也就能代表水中的有机化合物含量。可以部分降低TOC的设备：超滤。

BOD：用于表示水中可生物降解的含碳有机物浓度，用于表示水中有机物在生物化学需氧氧化过程中(即需氧细菌生长的过程中)所必须吸取的氧量。标准实验的温度为20℃，时间为5天，称5日生化需氧量(BOD_5)。

COD：用来表示有机物的含量，是氧化剂(标准试剂为浓硫酸和重铬酸钾的沸腾混合物)在短时间(2h以下内)内对有机物的氧化作用所需的氧量。用来表示有机物的含量。由于下列原因，COD值一般高于BOD值：(1)无机物的氧化；(2)耐生物降解有机物的氧化。

DO：是指溶解在水中的分子氧，以每升水中所含氧的毫克数来表示。水中溶解氧的量和水温、压力及水的化学组成有密切关系。在正常状态下，洁净地表水溶解氧一般接近饱和。纯水在一个大气压下，0℃时溶解氧为14.6ppm，20℃时为9.17ppm，30℃时为7.63ppm。由于水被污染，有机腐败物质和其他还原性物质的存在，水中的溶解氧被逐渐消耗。所以，越是干净的水，所含溶解氧越多，而污染越严重，消耗的溶解氧越多，水中的溶解氧就越少。因此，也可用溶解氧量表示水的污染程度。溶解氧对于水体的自然净化作用和水中生物的生存都是不可缺少的。它是鱼类和好氧菌生存、繁殖必须的物质，当溶解氧低于4mg/L时，鱼类就难以生存。为了增加水中的溶解氧，人们常用曝气的方式增加空气与水的接触，这样能够有效地缓解水中缺氧的危机。

浊度： 也称浑浊度。从技术的意义讲，浊度是用来反映水中悬浮物含量的一个水质替代参数。水中主要的悬浮物，一般也就是泥土。浊度这一概念既能反映水中悬浮物浓度，同时又是人的感觉对水质最直接的评价，这两个特点，使浊度成为一个很重要的水质替代参数。以1L蒸馏水中含有1mg二氧化硅作为标准浊度的单位，表示为1ppm。可以降低浊度的设备：净化设备。

碱度： 把天然水经处理过的水的pH降低到相应于纯CO_2水溶液的pH值所必须中和的水中强碱物种的总含量。按这个定义，碱度由强酸（盐酸或硫酸）滴定至终点，单位为ep/L。

硬度： 通常说的总硬度指水中Ca^{2+}、Mg^{2+}的总量。这是因为其他离子的总含量远小于二者的含量，因此不予考虑。只有在其他离子含量很高时才考虑其对硬度的影响。水中的阳离子（除H^+外）一般也以碳酸盐、重碳酸盐、硫酸盐及氯化物等形式存在。可以有效去除硬度的设备：软化器。硬度可以分为暂时硬度、永久硬度和负硬度等类型。

暂时硬度： 又称碳酸盐硬度，指水中钙、镁的碳酸盐的含量。因天然水中碳酸盐含量很低，只有在碱性水中才存在碳酸盐。故暂时硬度一般是指水中重碳酸盐的含量，水在煮沸时其中的重碳酸盐分解出碳酸盐沉淀。常用的硬度单位是毫摩尔/升（mmol/L）。

永久硬度： 又称非碳酸盐硬度，主要指水中钙、镁的氯化物硫酸盐的含量，之外尚有少量的钙镁硝酸盐、硅酸盐等盐类。在常压（体积不变）情况下加热，这些盐类不会析出沉淀。常用的硬度单位是毫摩尔/升（mmol/L）。可以有效**去除硬度的设备：软化器**。

负硬度： 指水中钾、钠的碳酸盐、重碳酸盐及氢氧化物的含量，又称为钠盐硬度。当水的总碱度大于总硬度时，就回出现负硬度。负硬度可以消除水的永久硬度，负硬度不能与永久硬度共存。常用的硬度单位是毫摩尔/升（mmol/L）。碱度和硬度是水的重要参数，二者之间的关系有以下三种情况：

（1）总碱度＜总硬度

此时，水中有永久硬度和暂时硬度，无钠盐（负）硬度，则：

$$总硬度 - 总碱度 = 永久硬度$$
$$总碱度 = 暂时硬度$$

（2）总碱度＞总硬度

水中无永久硬度，而存在暂时硬度和钠盐硬度，则：

$$总硬度 = 暂时硬度$$
$$总碱度 - 总硬度 = 钠盐硬度（负硬度）$$

（3）总碱度＝总硬度

水中没有永久硬度和钠盐硬度，只有暂时硬度，则：

$$总硬度 = 总碱度 = 暂时硬度$$

pH值： 溶液中氢离子的浓度对数的负数$pH = -\lg[H^+]$反应溶液的酸碱值。pH值分为0~14范围，一般从0~7属酸性，从7~14属碱性，7为中性。

色度： 水的色度是对天然水或处理后的各种水进行颜色定量测定时的指标。天然水经常显示出浅黄、浅褐或黄绿等不同的颜色。产生颜色的原因是由于溶于水的腐殖质、有机物或无机物质所造成的。另外，当水体受到工业废水的污染时也会呈现不同的颜色。这些颜色分为真色与表色。真色是由于水中溶解性物质引起的，也就是除去水中悬浮物后的颜色。而表色是没有除去水中悬浮物时产生的颜色。这些颜色的定量程度就是色度。色度测定用铂钴标准比色法，亦即用氯铂酸钾和氯化钴配制成测色度的标准溶液，规定 1L 水中含有 2.419mg 的氯铂酸钾和 2.00mg 氯化钴时，将铂（Pt）的浓度为每升 1mg 时所产生的颜色深浅定为 1 度（1°）。水色度往往会影响造纸、纺织等工业产品的质量。各种用途的水对于色度都有一定的要求：如生活用水的色度要求小于 15；造纸工业用水的色度要求小于 15～30；纺织工业的用水色度要求小于 10～12；染色用水的色度要求小于 5。工业废水可能使水体产生各种各样的颜色，但水中腐殖质、悬浮泥砂和不溶解矿物质的存在，也会使水带有颜色。例如，黏土能使水带黄色，铁的氧化物会使水变褐色，硫化物能使水呈浅蓝色，藻类使水变绿色，腐败的有机物会使水变成黑褐色等。

含盐量：水的含盐量（也称矿化度）是表示水中所含盐类的数量。由于水中各种盐类一般均以离子的形式存在。所以含盐量也可以表示为水中各种阳离子的量和阴离子的量的和。水的含盐量与溶解固体的含义有所不同。因为溶解固体不仅包括水中的溶解盐类。还包括有机物质。同时，水的含盐量与总固体的含义也有所不同。因为总固体不仅包括溶解固体，还包括不溶解于水的悬浮固体，所以，溶解固体在数量上都要比含盐量高。但是，在不很严格的情况下，当水比较清净时，水中的有机物质含量比较少，有时候也用溶解固体的含量来近似地表示水中的含盐量。当水特别清净的时候，悬浮固体的含量也比较少（如地下水），因此有时也可以用总固体的含量来近似表示水中的含盐量。

原水：是指未经过处理的水。从广义来说，对于进入水处理工序前的水也称为该水处理工序的原水。例如，由水源送入澄清池处理的水称为原水。

软化水：是指将水中硬度（主要指水中钙、镁离子）去除或降低一定程度的水。水在软化过程中，仅硬度降低，而总含量不变。

脱盐水：是指水中盐类（主要是溶于水的强电解质）除去或降低到一定程度的水。其电导率一般为 1.0～10.0μS/cm，电阻率（25℃）（0.1～1.0）×10^6Ω·cm。含盐量为 1～5mg/L。

纯水：是指水中的强电解质和弱电解质（如等）去除或降低到一定程序的水。其电导率一般为：1.0～0.1μS/cm，电阻率（1.0～10.0）×10^6Ω·cm。含盐量 <1mg/L。

超纯水：是指水中的导电介质几乎完全去除，同时不离解的气体、胶体以及有机物质（包括细菌等）也去除至很低程度的水。其电导率一般为 0.1～0.55μS/cm，电阻率（25℃）10.0×10^6Ω·cm。含盐量 <0.1mg/L。理想纯水（理论上）电导率 0.05μS/cm，电阻率（25℃）18.3×10^6Ω·cm。

水的预处理：是在水精制处理之前，预先进行初步处理，以便在水的精处理时取得良好效果，提高水质。因为自然界的水都有大量的杂质，如泥沙、黏土、有机物、微生物、机械杂质等。这些杂质的存在，严重影响精制水的水质与处理效果，因此必须在精处理之前将一些杂质降低或除去，这就需要预处理，有时也称前处理。预处理的方法很多，主要有预沉、混凝、澄清、过滤、软化、消毒等。用这些方法预处理之后，可以使水的悬浮物(浊度)、色度、胶体物、有机物、铁、锰、暂时硬度、微生物、挥发性物质、溶解的气体等杂质除去或降低到一定的程度。

预沉：就是大容积、低流速的自然沉淀处理，如沉沙池、预沉池。

混凝：利用铁盐、铝盐、高分子等混凝剂，与水中的杂质通过絮凝和架桥作用生成大颗粒沉淀物，然后通过其他设备，如澄清池、过滤池等予以除去。

过滤：将被处理的水，流经装有特殊过滤材料装置，如各种滤池等，截留水中杂质，予以去除。

软化：采用化学药剂，如石灰水、苏打粉等，使水中碳酸氢盐硬度除去；或是采用阳离子交换树脂等方法除去水中的钙、镁、铁离子等，这一过程称为软化。

消毒：加入杀生剂，如液氯、漂白粉等，杀灭水中的微生物。

自来水的水质标准：自来水的水质指标应满足 GB 5749—2006(《生活饮用水水质标准》)中的相关标准，共有 88 项指标。pH 试纸检测溶液的酸碱度时，颜色变化与 pH 值之间的关系为：

pH	≤4	5	6	7	8	9	≥10
颜色	红	橙	黄	绿	青(蓝绿)	蓝	紫

便携式 H_2S 检测仪：可随身携带的单一气体检测仪，可连续检测作业环境中 H_2S 气体浓度的本质安全型仪器，广泛适用于石油化工、冶金、焦化、环保等行业，是安全技术人员、设备维修人员的安全必备仪器，能有效保证工作人员的生命安全不受侵害、生产设备不受损失。

吸污车：利用发动机力驱动抽气真空装置，使罐体内产生真空，通过吸管将污水池内的污水(物)吸入罐体，并有自行卸料装置的车辆。

正压式空气呼吸器：一种呼吸器，自携贮存压缩空气的贮气瓶。呼吸时使用气瓶内的气体，不依赖外界环境气体，任一呼吸循环过程，面罩内压力均大于环境压力。

 附录2

水务系统水质指标执行的相关标准

（1）生活饮用水水质指标执行 GB 5749—2006《生活饮用水卫生标准》相关数据见附表1。

附表1　水质常规指标及限值

指 标	限 值
1. 微生物指标①	
总大肠菌群/（MPN/100mL 或 CFU/100mL）	不得检出
耐热大肠菌群/（MPN/100mL 或 CFU/100mL）	不得检出
大肠埃希氏菌/（MPN/100mL 或 CFU/100mL）	不得检出
菌落总数/（CFU/mL）	100
2. 毒理指标	
砷/（mg/L）	0.01
镉/（mg/L）	0.005
铬(六价)/（mg/L）	0.05
铅/（mg/L）	0.01
汞/（mg/L）	0.001
硒/（mg/L）	0.01
氰化物/（mg/L）	0.05
氟化物/（mg/L）	1.0
硝酸盐/（以 N 计）/（mg/L）	10 地下水源限制时为20
三氯甲烷/（mg/L）	0.06
四氯化碳/（mg/L）	0.002
溴酸盐(使用臭氧时)/（mg/L）	0.01
甲醛(使用臭氧时)/（mg/L）	0.9
亚氯酸盐(使用二氧化氯消毒时)/（mg/L）	0.7

续表

指　标	限　值
氯酸盐(使用复合二氧化氯消毒时)/(mg/L)	0.7

3. 感官性状和一般化学指标

指　标	限　值
色度(铂钴色度单位)	15
浑浊度(NTU - 散射浊度单位)	1 水源与净水技术条件限制时为3
臭和味	无异臭、异味
肉眼可见物	无
pH(pH 单位)	不小于6.5且不大于8.5
铝/(mg/L)	0.2
铁/(mg/L)	0.3
锰/(mg/L)	0.1
铜/(mg/L)	1.0
锌/(mg/L)	1.0
氯化物/(mg/L)	250
硫酸盐/(mg/L)	250
溶解性总固体/(mg/L)	1000
总硬度/(以 $CaCO_3$ 计)/(mg/L)	450
耗氧量/(COD_{Mn}法，以 O_2 计)/(mg/L)	3 水源限制，原水耗氧量 >6mg/L 时为5
挥发酚类/(以苯酚计)/(mg/L)	0.002
阴离子合成洗涤剂/(mg/L)	0.3

4. 放射性指标[②]

指　标	限　值
总 α 放射性/(Bq/L)	0.5(指导值)
总 β 放射性/(Bq/L)	1(值导值)

① MPN 表示最可能数；CFU 表示菌落形成单位。当水样检出总大肠菌群时，应进一步检验大肠埃希氏菌或耐热大肠菌群；水样未检出总大肠菌群，不必检验大肠埃希氏菌或耐热大肠菌群。

② 放射性指标超过指导值，应进行核素分析和评价，判定能否饮用。

（2）净化厂生产用水水质指标和净化厂循环水水质指标执行 GB/T 19923—2005（《城市污水再生利用　工业用水水质》）标准。相关数据见附表2。

附表2　再生水用作工业用水水源的水质标准

序号	控制项目	冷却用水		洗涤用水	锅炉补给水	工艺与产品用水
		直流冷却水	敞开式循环冷却水系统补充水			
1	pH	6.5~9.0	6.5~8.5	6.5~9.0	6.5~8.5	6.5~8.5
2	悬浮物(SS)/(mg/L)	≤30	—	≤30	—	—
3	浊度/NTU	—	≤5	—	≤5	≤5
4	色度/度	≤30	≤30	≤30	≤30	≤30
5	生化需氧量(BOD_5)/(mg/L)	≤30	≤10	≤30	≤10	≤10
6	化学需氧量(COD_{Cr})/(mg/L)	—	≤60	—	≤60	≤60
7	铁/(mg/L)	—	≤0.3	≤0.3	≤0.3	≤0.3
8	锰/(mg/L)	—	≤0.1	≤0.1	≤0.1	≤0.1
9	氯离子/(mg/L)	≤250	≤250	≤250	≤250	≤250
10	二氧化硅/(SiO_2)/(mg/L)	≤50	≤50	—	≤30	≤30
11	总硬度/(以 $CaCO_3$ 计)/(mg/L)	≤450	≤450	≤450	≤450	≤450
12	总碱度/(以 $CaCO_3$ 计)/(mg/L)	≤350	≤350	≤350	≤350	≤350
13	硫酸盐/(mg/L)	≤600	≤250	≤250	≤250	≤250
14	氨氮/(以 N 计)/(mg/L)	—	≤10[①]	—	≤10	≤10
15	总磷/(以 P 计)/(mg/L)	—	≤1	—	≤1	≤1
16	溶解性总固体/(mg/L)	≤1000	≤1000	≤1000	≤1000	≤1000
17	石油类/(mg/L)	—	≤1	—	≤1	≤1
18	阴离子表面活性剂/(mg/L)	—	≤0.5	—	≤0.5	≤0.5
19	余氯[②]/(mg/L)	≥0.05	≥0.05	≥0.05	≥0.05	≥0.05
20	粪大肠菌群/(个/L)	≤2000	≤2000	≤2000	≤2000	≤2000

注：①当敞开式循环冷却水系统换热器为铜质时，循环冷却系统中循环水的氨氮指标应小于1mg/L。
　　②加氯消毒时管末梢值。

（3）净化厂锅炉水给水水质指标执行 GB/T 1576—2008《工业锅炉水质》标准。相关数据见附表3。

附表3　采用锅外水处理的自然循环蒸汽锅炉和汽水两用锅炉水质标准

区分	额定蒸汽压力/MPa		$p \leqslant 1.0$		$1.0 < p \leqslant 1.6$		$1.6 < p \leqslant 2.5$		$2.5 < p < 3.8$	
	补给水类型		软化水	除盐水	软化水	除盐水	软化水	除盐水	软化水	除盐水
给水	浊度/FTU		$\leqslant 5.0$	$\leqslant 2.0$	$\leqslant 5.0$	$\leqslant 2.0$	$\leqslant 5.0$	$\leqslant 2.0$	$\leqslant 5.0$	$\leqslant 2.0$
	硬度/（mmol/L）		$\leqslant 0.030$	$\leqslant 0.030$	$\leqslant 0.030$	$\leqslant 0.030$	$\leqslant 0.030$	$\leqslant 0.030$	$\leqslant 5.0 \times 10^{-3}$	$\leqslant 5.0 \times 10^{-3}$
	pH（25℃）		7.0~9.0	8.0~9.5	7.0~9.0	8.0~9.5	7.0~9.0	8.0~9.5	7.5~9.0	8.0~9.5
	溶解氧[a]/（mg/L）		$\leqslant 0.10$	$\leqslant 0.10$	$\leqslant 0.10$	$\leqslant 0.050$	$\leqslant 0.050$	$\leqslant 0.050$	$\leqslant 0.050$	$\leqslant 0.050$
	油/（mg/L）		$\leqslant 2.0$	$\leqslant 2.0$	$\leqslant 2.0$	$\leqslant 2.0$	$\leqslant 2.0$	$\leqslant 2.0$	$\leqslant 2.0$	$\leqslant 2.0$
	全铁/（mg/L）		$\leqslant 0.30$	$\leqslant 0.30$	$\leqslant 0.30$	$\leqslant 0.30$	$\leqslant 0.30$	$\leqslant 0.10$	$\leqslant 0.10$	$\leqslant 0.10$
	电导率（25℃）/（μS/cm）		—	—	$\leqslant 5.5 \times 10^2$	$\leqslant 1.1 \times 10^2$	$\leqslant 5.0 \times 10^2$	$\leqslant 1.0 \times 10^2$	$\leqslant 3.5 \times 10^2$	$\leqslant 80.0$
锅水	全碱度[b]/（mmol/L）	无过热器	6.0~26.0	$\leqslant 10.0$	6.0~24.0	$\leqslant 10.0$	6.0~16.0	$\leqslant 8.0$	$\leqslant 12.0$	$\leqslant 4.0$
		有过热器	—	—	$\leqslant 14.0$	$\leqslant 10.0$	$\leqslant 12.0$	$\leqslant 8.0$	$\leqslant 12.0$	$\leqslant 4.0$
	酚酞碱度/（mmol/L）	无过热器	4.0~18.0	$\leqslant 6.0$	4.0~16.0	$\leqslant 6.0$	4.0~12.0	$\leqslant 5.0$	$\leqslant 10.0$	$\leqslant 3.0$
		有过热器	—	—	$\leqslant 10.0$	$\leqslant 6.0$	$\leqslant 8.0$	$\leqslant 5.0$	$\leqslant 10.0$	$\leqslant 3.0$
	pH（25℃）		10.0~12.0	10.0~12.0	10.0~12.0	10.0~12.0	10.0~12.0	10.0~12.0	9.0~12.0	9.0~11.0
	溶解固形物/（mg/L）	无过热器	$\leqslant 4.0 \times 10^3$	$\leqslant 4.0 \times 10^3$	$\leqslant 3.5 \times 10^3$	$\leqslant 3.5 \times 10^3$	$\leqslant 3.0 \times 10^3$	$\leqslant 3.0 \times 10^3$	$\leqslant 2.5 \times 10^3$	$\leqslant 2.5 \times 10^3$
		有过热器	—	—	$\leqslant 3.0 \times 10^3$	$\leqslant 3.0 \times 10^3$	$\leqslant 2.5 \times 10^3$	$\leqslant 2.5 \times 10^3$	$\leqslant 2.0 \times 10^3$	$\leqslant 2.0 \times 10^3$
	磷酸根[c]/（mg/L）		—	—	10.0~30.0	10.0~30.0	10.0~30.0	10.0~30.0	5.0~20.0	5.0~20.0
	亚硫酸根[d]/（mg/L）		—	—	10.0~30.0	10.0~30.0	10.0~30.0	10.0~30.0	10.0~10.0	10.0~10.0
	相对碱度[e]		<0.20	<0.20	<0.20	<0.20	<0.20	<0.20	<0.20	<0.20

注1：对于供汽轮机用汽的锅炉，蒸汽质量应按照 GB/T 12145《火力发电机组及蒸汽动力设备水汽质量》规定的额定蒸汽压力 3.8~5.8MPa 汽包炉标准执行。

注2：硬度、碱度的计量单位为一价基本单元物质的量浓度。

注3：停（备）用锅炉启动时，锅水的浓缩倍率达到正常后，锅水的水质应达到本标准的要求。

a. 溶解氧控制值适用于经过除氧装置处理后的给水。额定蒸发量大于等于 10t/h 的锅炉，给水应除氧。额定蒸发量小于 10t/h 的锅炉如果发现局部氧腐蚀，也应采取除氧措施。对于供汽轮机用汽的锅炉给水含氧量应小于等于 0.050mg/L。

b. 对蒸汽质量要求不高，并且不带过热器的锅炉，锅水全碱度上限值可适当放宽，但放宽后锅水的 pH 值不应超过上限。

c. 适用于锅内加磷酸盐阻垢剂。采用其他阻垢剂时，阻垢剂残余量应符合药剂生产厂规定的指标。

d. 适用于给水加亚硫酸盐除氧剂。采用其他除氧剂时，药剂残余量应符合药剂生产厂规定的指标。

e. 全焊接结构锅炉，相对碱度可不控制。

（4）赵家坝污水处理回注指标执行 SY/T 5329—2012《碎屑岩油藏注水水质指标及分析方法》标准。相关数据见附表4。

附表4　水质相关指标

注入层空气渗透率	小于0.01	0.01~0.05	0.5~1.5	大于1.5	
悬浮物含量小于等于	1.0	2.0	5.0	10.0	30.0
粒径中值小于等于	1.0	1.5	3.0	4.0	5.0
含油小于等于	5.0	6.0	15.0	30.0	50.0
SRB 小于等于	10	10	25	25	25
TGB 小于等于	×100	×100	×1000	×10000	×10000

参 考 文 献

1. 李本高主编．现代工业水处理技术与应用．北京：中国石化出版社，2004.
2. 何生厚，曹耀峰编著．普光高酸性气田开发．北京：中国石化出版社，2010.